U0363592

建筑施工现场专业人员技能与实操丛书

测 量 员

马广东　主编

中国计划出版社

图书在版编目（CIP）数据

测量员 / 马广东主编. -- 北京 : 中国计划出版社,
2016.5
　（建筑施工现场专业人员技能与实操丛书）
　ISBN 978-7-5182-0365-9

　Ⅰ．①测… Ⅱ．①马… Ⅲ．①建筑测量 Ⅳ.
①TU198

中国版本图书馆CIP数据核字(2016)第039673号

建筑施工现场专业人员技能与实操丛书

测量员

马广东　主编

中国计划出版社出版
网址：www.jhpress.com
地址：北京市西城区木樨地北里甲 11 号国宏大厦 C 座 3 层
邮政编码：100038　电话：(010) 63906433 （发行部）
新华书店北京发行所发行
北京天宇星印刷厂印刷

787mm×1092mm　1/16　14 印张　335 千字
2016 年 5 月第 1 版　2016 年 5 月第 1 次印刷
印数 1—3000 册

ISBN 978-7-5182-0365-9
定价：39.00 元

《测量员》编委会

主　编：马广东

参　编：隋红军　沈　璐　苏　建　周东旭

　　　　杨　杰　周　永　牟瑛娜　张明慧

　　　　蒋传龙　王　帅　张　进　褚丽丽

　　　　周　默　杨　柳　孙德弟　元心仪

　　　　宋立音　刘美玲　赵子仪　刘凯旋

前　言

随着我国国民经济的快速发展，建筑行业的日新月异，建筑规模日益扩大，施工队伍不断增加，对建筑工程施工现场各专业的职业能力要求也越来越高。其中测量员的水平直接关系到了施工项目能否有序、高效、高质量地完成。本书注重理论与实际相结合，根据《工程测量规范》GB 50026—2007、《建筑变形测量规范》JGJ 8—2007 等相关工程测量标准规程以及测量员在实际施工项目中的应用编写了此书。

本书共十章，内容主要包括测量员概述、水准测量、角度测量、距离测量与直线定向、全站仪与 GPS 全球定位系统、小地区控制测量、地形图的测绘与应用、建筑施工测量、建筑物的变形测量、建筑施工测量工作的管理。本书内容充实，条理清晰，简明易懂。

本书既可供测量人员参考，也可供相关专业大中专院校及职业学校的师生学习参考。

本书编写过程中，尽管编写人员尽心尽力，但错误及不当之处在所难免，敬请广大读者批评指正，以便及时修订与完善。

编　者
2015 年 8 月

目　　录

1 | 测量员概述

1.1 测量工作的概述

1.1.1 测量的任务

测量工作贯穿于工程建设的整个过程，因此测量工作的质量直接关系到工程建设的速度和质量。测量的主要任务是测定、测设及变形观测。

1. 测定

测定也称为测绘，是指使用测量仪器和工具，通过测量和计算得到地面的点位数据，或把地球表面的地形绘制成地形图。在勘测设计阶段，如城镇规划、厂址选择、管道和交通线路选线以及建（构）筑物的总平面设计和竖向设计等方面都需要以地形资料为基础，因此需要测绘各种比例尺的地形图。工程竣工后，为了验收工程和以后的维修管理，还需要测绘竣工图。

2. 测设

测设也称为放样，是指把图纸上设计好的建（构）筑物的位置，用测量仪器和一定的方法在实地标定出来，作为施工的依据。在施工阶段，需要将设计的建（构）筑物的平面位置和高程，按设计要求以一定的精度测设于实地，以便于进行后续施工，并在施工过程中进行一系列的测量工作，以衔接和指导各工序间的施工。

3. 变形观测

变形观测是指利用专用的仪器和方法对变形体的变形现象进行持续观测、对变形体变形形态进行分析和变形体变形的发展态势进行预测等各项工作。对于大坝、桥梁、高层建筑物、边坡、隧道和地铁等一些有特殊要求的大型建（构）筑物，为了监测它们受各种应力作用下施工和运营的安全稳定性，以及检验其设计理论和施工质量，需要进行变形观测。

1.1.2 测量工作的基本内容

测量工作可以分为外业与内业。在野外利用测量仪器和工具测定地面上两点的水平距离、角度、高差，称为测量的外业工作；在室内将外业的测量成果进行数据处理、计算和绘图，称为测量的内业工作。

点与点之间的相对位置可以根据水平距离、角度和高差来确定，而水平距离、角度和高差也正是常规测量仪器的观测量，这些量被称为测量的基本内容，又称测量工作三要素。

1. 距离

如图 1-1 所示，水平距离为位于同一水平面内两点之间的距离，如 AB、AD；倾斜距离为不位于同一水平面内两点之间的距离，如 AC'、AB'。

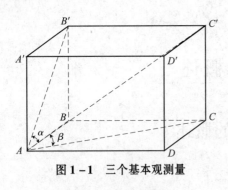

图 1-1　三个基本观测量

2. 角度

如图 1-1 所示，水平角 β 为水平面内两条直线间的夹角，如 $\angle BAC$；竖直角 α 为位于同一竖直面内水平线与倾斜线之间的夹角，如 $\angle BAB'$。

3. 高差

两点间的垂直距离构成高差，如图 1-1 中的 AA'、CC'。

1.1.3　测量工作的程序

为测量一个地区的实际情况，测量前需对测量区域进行全方位考察，选择一些对周围地面上各种地物和地貌具有控制意义的点作为测量的控制点，如 A、B、C 等，见图 1-2 (a)。通过较精密地测量水平距离和高程，将这些控制点在空间的位置测算出来，称为"控制测量"；再按比例缩绘成控制网平面图，如图 1-2 (b) 中的虚线，然后分别在各控制点用精度较低一些的测量方法，将各点周围的地物、地貌特征点测算出来，称为"碎部测量"；最后用同样的比例尺，在同一张图纸上绘出各地物、地貌特征点，按实地情况连接各相关的点，便得到这一测区的地形平面图，如图 1-2 (b) 所示。

（a）选择测量控制点

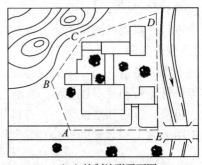

（b）绘制地形平面图

图 1-2　测量地形平面圈的方法

由此可见，测量工作需先在室外进行实地测量，称为"室外作业"（以下简称"外业"），然后将外业得到的数据、资料带回室内进行计算、整理、绘图，称为"室内作业"（以下简称"内业"）。在外业工作中，必须先做精度较高的控制测量，建立控制网控制整个测区的全局，然后再做一些精度较低的碎部测量，测出控制点周围的局部区域。

所以测量工作的程序是：先外业，后内业；先整体，后局部；高精度控制低精度。这一程序也称为测量工作的基本原则。

1.2 测量员的岗位职责

1.2.1 测量员基本准则

1）遵守国家法律、法规和测量的有关规程与规范，为工程服务，保证质量，照图施工，按时完成任务的工作目的。

2）防止误差积累，保证建筑物整体与局部的正确性；确保测图精度，测量工作应遵循先整体、后局部，高精度控制低精度，先进行控制测量，后进行定位放线或测图的工作程序。

3）在测量之前，先审核原始数据（起始点的高程、坐标及设计图样等），外业观测和内业计算步步有校核。

4）测量方法要简捷、精度要合理相称的工作原则。合理利用资源，仪器设备的配置要适当。

5）建筑物定位放线及重要的测量工作必须经自检、互检，合格后由有关单位（监理、规划部门或上级测绘部门等）验线的工作制度。

6）要发扬艰苦奋斗，不怕苦、不怕累，一丝不苟和认真负责的工作作风。

7）及时总结经验，具有开拓进取、与时俱进、努力学习先进技术，不断改进的工作精神。

1.2.2 初级测量员岗位要求

1. 岗位必备知识

1）识图的基本知识，看懂分部分项施工图，并能校核小型、简单建筑物平、立、剖面图的关系及尺寸。

2）房屋构造的基本知识，一般建筑工程施工程序及对测量放线的基本要求，本职业与有关职业之间的关系。

3）建筑施工测量的基本内容、程序及作用。

4）点的平面坐标（直角坐标、极坐标）、标高、长度、坡度、角度、面积和体积的计算方法，一般计算器的使用知识。

5）普通水准仪、普通经纬仪的基本性能、用途及保养知识。

6）水准测量的原理（仪高法和高差法）、基本测法、记录和闭合差的计算及调整。

7）测量误差的基本知识，测量记录、计算工作的基本要求。

8）本职业安全技术操作规程、施工验收规范和质量评定标准。

2. 专业技能要求

1）测钎、标杆、水准尺、尺垫、各种卷尺及弹簧秤的使用及保养。

2）常用测量手势、信号和旗语配合测量默契。

3）用钢尺测量，测设水平距离及测设90°平面角。

4）安置普通水准仪（定平水准盒），一次精密定平，抄水平线，设水平桩和皮数杆，简单方法平整场地的施测和短距离水准点的引测，扶水准尺的要点和转点的选择。

5）安置普通经纬仪（对中、定平），标测直线，延长直线和竖向投测。

6）妥善保管、安全搬运测量仪器及测具。

7）打桩定点，埋设施工用半永久性测量标志，做桩位的点之记，设置龙门板、线坠吊线、撒灰线和弹墨线。

8）进行小型、简单建筑物的定位、放线。

1.2.3　中级测量员岗位要求

1. 岗位必备知识

1）掌握制图的基本知识，看懂并审核较复杂的施工总平面图与有关测量放线施工图的关系及尺寸，大比例尺工程用地形图的判读及应用。

2）掌握测量内业计算的数学知识和函数型计算器的使用知识，对平面为多边形、圆弧形的复杂建（构）筑物四廓尺寸交圈进行校算，对平、立、剖面有关尺寸进行核对。

3）熟悉一般建筑结构、装修施工的程序、特点及对测量、放线工作的要求。

4）熟悉场地建筑坐标系与测量坐标系的换算，导线闭合差的计算及调整，直角坐标及极坐标的换算，角度交会法、距离交会法定位的计算。

5）熟悉钢尺测量、测设水平距离中的尺长、温度、拉力，垂曲和倾斜的改正计算，视距测法和计算。

6）熟悉普通水准仪的基本构造、轴线关系、检校原理和步骤。

7）掌握水平角与竖直角的测量原理，熟悉普通经纬仪的基本构造、轴线关系、检校原理和步骤，测角、设角和记录。

8）熟悉光电测距和激光仪器在建筑施工测量中的一般应用。

9）熟悉测量误差的来源、分类及性质，施工测量的各种限差，施测中对量距、水准、测角的精度要求，以及产生误差的主要原因和消除方法。

10）根据整体工程施工方案，布设场地平面控制网和标高控制网。

11）掌握沉降观测的基本知识和竣工平面图的测绘。

12）掌握一般工程施工测量放线方案编制知识。

13）掌握班组管理知识。

2. 专业技能要求

1）熟练掌握普通水准仪和经纬仪的操作、检校。

2）根据施工需要进行水准点的引测、抄平和皮数杆的绘制，平整场地的施测、土方计算。

3）熟练应用经纬仪在两点投测方向点，应用直角坐标法、极坐标法和交会法测量或测设点位，圆曲线的计算与测设。

4）根据场地地形图或控制点进行场地布置和地下拆迁物的测定。

5）核算红线桩坐标与其边长、夹角是否对应，并实地进行校测。

6）根据红线桩或测量控制点，测设场地控制网或建筑主轴线。

7）根据红线桩、场地平面控制网、建筑主轴线或地物关系，进行建筑物定位、放线以及从基础至各施工层上的弹线。

8）进行民用建筑与工业建筑预制构件的吊装测量，多层建筑物、高层建（构）筑物的竖向控制及标高传递。

9）场地内部道路与各种地下、架空管路的定线、纵断面测量和施工中的标高、坡度测设。

10）根据场地控制网或重新布测图根导线实测竣工平面图。

11）用普通水准仪进行沉降观测。

12）制定一般工程施工测量放线方案，并组织实施。

1.2.4　高级测量员岗位要求

1. 岗位必备知识

1）看懂并能够审核复杂、大型或特殊工程（如超高层、钢结构、玻璃幕墙等）的施工总平面图和有关测量放线的施工图的关系及尺寸。

2）掌握工程测量的基本理论知识和施工管理知识。

3）掌握测量误差的基本理论知识。

4）熟悉精密水准仪、经纬仪的基本性能、构造和用法。

5）熟悉地形图测绘的方法和步骤。

6）能够在工程技术人员的指导下，进行场地方格网和小区控制网的布置、计算。

7）掌握建筑物变形观测的知识。

8）了解工程测量的先进技术与发展趋势。

9）了解预防和处理施工测量放线中质量和安全事故的方法。

2. 专业技能要求

1）能够进行普通水准仪、经纬仪的一般维修。

2）熟练运用各种工程定位方法和校测方法。

3）能够进行场地方格网和小区控制网的测设，四等水准观测及记录。

4）应用精密水准仪、经纬仪进行沉降、位移等变形观测。

5）推广和应用施工测量的新技术、新设备。

6）参与编制较复杂工程的测量放线方案，并组织实施。

7）对初级、中级测量员示范操作，传授技能，解决本职业操作技术上的疑难问题。

1.3　地面点位的确定

1.3.1　地面点位的标志

由于测量的实质就是确定地面点的位置，因此在测量工作中，对三角点、导线点和水准点等重要的点位必须进行实地标定，以便明确表示它们的位置，并作为后续测量任务的基础。用于标定地面点标志的种类和形式较多，根据用途及需要保存的期限长短，可分为永久性标志和临时性标志两种。

　　永久性标志一般采用石桩或混凝土桩，桩顶刻上"十"字或将铜、铸铁、瓷片等做成的标志镶嵌在标石顶面内，以标志点位；标石的大小及埋设要求，在测量规范中均有详细的说明，如图 1 - 3 （a） 所示；如点位处在硬质的柏油或水泥路面上，也可用长 5 ~ 20cm、粗 1cm 左右、顶部呈半球形且刻画"十"字的粗铁钉打入地面。

　　临时性标志，可用长 20 ~ 30cm、顶面 4 ~ 6cm 见方的木桩打入土中，桩顶钉一小钉或用红油漆画一个"十"字表示点位，如图 1 - 3 （b） 所示；如遇到岩石、桥墩等固定的地物，也可在其上凿个"十"字作为标志。

　　地面点的标志都应具有编号、等级、所在地以及委托保管情况等资料，并绘制有草图，注明其到附近明显地物点的距离，这种记载点位情况的资料称为点之记，如图 1 - 4 所示。

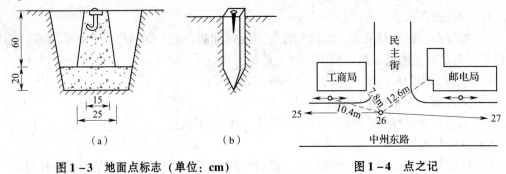

图 1 - 3　地面点标志（单位：cm）　　　　　　　图 1 - 4　点之记

1.3.2　地面点位的表示方法

　　为了确定一个点的位置，需要设定一个基准面作为点位的投影面。在大范围内进行测量工作时，以大地水准面作为地面点投影的基准面；如果在小范围内测量，则可用水平面作为地面点投影的基准面。

　　地面点投影到基准面之后，其位置用坐标与高程来表示。

1. 地面点的坐标

（1）地理坐标。地球表面任意一点的经度和纬度，叫作该点的地理坐标。

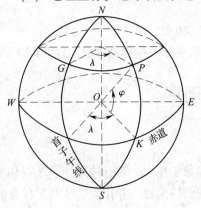

图 1 - 5　地理坐标示意图

　　如图 1 - 5 所示，NS 为地球旋转轴，通过地球旋转轴的平面称为子午面；通过英国格林尼治天文台的子午面称为首子午面；子午面与地球表面的交线称为经线或子午线（图 1 - 5 中的 NPS）；首子午面与地球表面的交线称为首子午线；过球心 O 且与地球旋转轴垂直的平面称为赤道平面，赤道平面与地球表面的交线为赤道（图 1 - 5 中的 WKE）。

　　过 P 点的子午面与首子午面所夹的两面角（图中的 λ）称为经度，经线在首子午面以东者为东经，以西者为西经，其值在 0° ~ 180° 之间。中国在东经 72° ~ 138° 之间。

过 P 点的基准线 PO 与赤道平面的夹角（图中的 φ）称为纬度，在赤道以北者为北纬，以南者为南纬，其值在 $0°\sim90°$。中国位于北半球，纬度为北纬。

地理坐标按坐标所依据的基准线和基准面的不同以及解算方法的不同，可进一步分为天文地理坐标与大地地理坐标。以铅垂线（重力的方向线）为基准线，以大地水准面为基准面的地理坐标称为天文地理坐标，其经度、纬度分别用 λ、φ 表示，它是用天文测量的方法直接测定的；以法线（与旋转椭球面垂直的线）为基准线，以参考椭球面为基准面的地理坐标称为大地地理坐标，其经度、纬度分别用 L、B 表示，它是根据起始的大地原点坐标与大地测量所得的数据推算而得的。

大地原点的天文地理坐标和大地地理坐标是一致的。我国的大地原点位于陕西省泾阳县永乐镇，根据该原点建立的全国统一坐标，就是我国目前使用的"1980 年西安坐标系"。

（2）高斯平面直角坐标。当测区范围较大时，地球表面必须看成是曲面。把曲面上的点位或图形展绘到平面上，一定会产生变形。为了减少变形误差，必须采用一种适当的地图投影方法。地图投影有等角投影、等面积投影和任意投影三种。我国于 1952 年开始，正式用高斯投影作为国家基本图的投影方法，它是一种等角投影，它保证椭球面上的微分图形投影到平面后能保持相似关系，这也是地形测图的基本要求。

高斯平面直角坐标系简称"高斯坐标系"，它是以投影后的中央经线作为纵轴（x 轴），赤道作为横轴（y 轴），中央经线和赤道的交点作为坐标系原点，如图 1-6（a）所示。某点的高斯坐标以相应的 "x，y" 表示。

我国位于北半球，任何点的纵坐标 x 值均为正值；横坐标 y 值有正负值（中央经线以东为正值、以西为负值）。为了使用坐标方便，避免 y 值出现负值，将所有 y 值加上 500km（相当于原纵轴西移 500km），如图 1-6（b）所示。为了表明坐标值属于哪一个投影带，规定 y 值加上 500km 后，在其值前面再加写投影带的带号，这样形成的横坐标值称为通用坐标。未加写上述两项内容的坐标称为自然坐标。

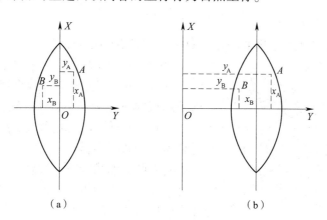

图 1-6　高斯平面直角坐标

如某点位于 19 带内，自然坐标为 637680m，则其通用坐标为 19637680m；若某点的通用坐标为 5537680.68m，则其自然坐标为 37680.68m，位于第 5 带，而不是 55 带。判断通用坐标带号的方法是：从小数点向左数的第7、8位就是带号。

（3）独立平面直角坐标。在测区范围较小时，可将大地水准面当作水平面，不需考虑地球的曲率影响。测量时可将地面上的点沿铅垂线直接投影到水平面上，并用各点的平面直角坐标来表示其位置。

独立平面直角坐标系是这样建立的：以过测区原点的南北方向为坐标系的纵轴，用 x 表示；以过原点的西东方向为坐标系的横轴，用 y 表示；它和数学上平面直角坐标系中的纵、横轴相反，且象限排列次序为顺时针，也和数学上相反，如图1-7所示。坐标系建立后，测区内各点的位置用统一的坐标 (x, y) 表示。

用平面代替水准面的前提是测区范围较小，则其限度有多大？如图1-8所示，地面上 A、B 两点投影到水准面上的弧长为 D，投影到水平面上的距离为 D'，以 D' 代替 D 产生的误差 ΔD 为 $D' - D$。按数学方法推导可得：$\Delta D/D = D^2/(3R^2)$。当 $D = 10km$ 时，$\Delta D = 0.82cm$，相对误差 $\Delta D/D$ 为 1/1217700。由此可见，在半径10km的范围内可以不考虑地球曲率对水平距离的影响。

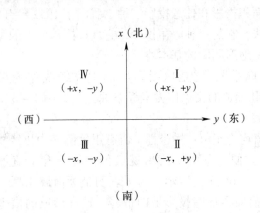

图1-7　平面直角坐标系

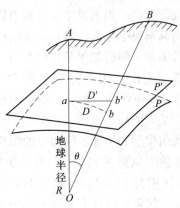

图1-8　水平面代替水准面的限度

2. 地面点的高程

地面上一个点到大地水准面的垂直距离称为该点的绝对高程（或海拔），用 H 表示，如图1-9中的 H_A 和 H_B。

在有些测区，引用绝对高程有困难，为工作方便可以采用假定的水准面作为高程起算的基准面。那么，地面上一点到假定水准面的垂直距离称为该点的相对高程（或假定高程）。

地面上两点高程之差称高差，用 h 表示。如图1-9中，A 点高程为 H_A，B 点高程为 H_B，则 B 点对于 A 点的高差 $h = H_B - H_A$。当 h_{AB} 为负值时，说明 B 点高程低于 A 点高程；h_{AB} 为正值时，则相反。

图1-9　高程与高差

1.3.3　确定地面点位的基本要素

地面点的位置通常是用平面坐标和高程表示的，

如图 1 - 10 所示，A、B 为两地面点，D_{OA}、D_{AB} 分别为 OA 和 AB 的水平距离；α 为直线 OA 与坐标纵轴北方向所夹的水平角（直线 OA 的方向即坐标方位角）；β 为直线 OA 与直线 AB 所夹的水平角。根据三角函数关系不难看出，A、B 的直角坐标为

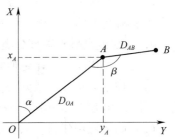

$$x_A = D_{OA}\cos\alpha \qquad (1-1)$$
$$y_A = D_{OA}\sin\alpha \qquad (1-2)$$

图 1 - 10　确定地面点的要素

根据 A 点的平面位置和直线 AO 的方向，也可以用测定的水平角 β 和水平距离 D_{AB}，来表示 B 点相对于 A 点的平面位置。

当然，B 点的直角坐标也可以通过测定 D_{AB} 和 β，按照 A 点的直角坐标求得。

可知：

$$H_B = H_A + h_{AB} \qquad (1-3)$$

地面点的高程则可通过测定该点与另一已知高程的地面点的高差求得。

由此可见，距离、水平角（方向）和高差是确定地面点位置的三个基本要素。

1.4　建筑基本构造

1.4.1　建筑物的分类

1. 按建筑物用途分类

（1）民用建筑。包括居住建筑和公共建筑两大部分。其中居住建筑主要包括住宅、宿舍、招待所等。公共建筑包括主要生活服务、文教卫生、托幼、科研、医疗、商业、行政办公、交通运输、广播通信、体育、文艺、展览、园林小品、纪念等多种类型。

（2）工业建筑。包括主要生产用房、辅助生产用房和仓库等建筑。

（3）农业建筑。主要包括各类农业用房，如拖拉机站、种子仓库、粮仓、牲畜用房等。

2. 按结构类型分类

（1）砌体结构。砌体结构的竖向承重构件为砌体，水平承重构件为钢筋混凝土楼板和屋顶板。

（2）钢筋混凝土板墙结构。钢筋混凝土板墙结构的竖向承重构件为现浇和预制的钢筋混凝土板墙，水平承重构件为钢筋混凝土楼板和屋顶板。

（3）钢筋混凝土框架结构。钢筋混凝土框架结构的承重构件为钢筋混凝土梁、板、柱组成的骨架；围护结构为非承重构件，它可以采用砖墙、加气混凝土块及预制板材等。

（4）其他结构。除上述结构类型外，经常采用的还有砖木结构、钢结构、空间结构（网架、壳体）等。

3. 按施工方法分类

（1）全现浇式。竖向承重构件和水平承重构件均采用现场浇筑的方式。

（2）全装配式。竖向承重构件和水平承重构件均采用预制构件，现场浇筑节点的方式。

（3）部分现浇、部分装配式。一般竖向承重构件采用现场砌筑、浇筑的墙体或柱子，水平承重构件大都采用预制装配式的楼板、楼梯。

4. 按建筑层数与高度分类

根据《民用建筑设计通则》GB 50352—2005 规定：

（1）住宅建筑按层数分类。1~3 层属于低层住宅、4~6 层属于多层、7~9 层属于中高层建筑，10 层及 10 层以上为高层住宅。

（2）高层民用建筑。除住宅建筑之外的民用建筑高度不大于 24m 者为单层和多层建筑，大于 24m 者为高层建筑（不包括建筑高度大于 24m 的单层公共建筑）。

（3）超高层建筑。建筑高度超过 100m 的民用建筑为超高层建筑。

1.4.2 民用建筑构造

1. 民用建筑物与构筑物

（1）民用建筑物。民用建筑物一般指直接供人们居住、工作、生活之用的建筑。

一般的民用建筑主要由基础、墙和柱、楼地层、楼梯、屋顶和门窗等基本构件组成，如图 1－11 所示。

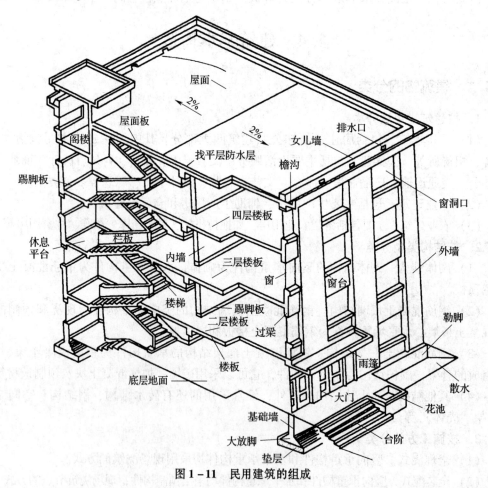

图 1－11　民用建筑的组成

1）基础。基础是位于建筑物最下部的承重构件，其作用是承受建筑物的全部荷载并将这些荷载传给地基。因此基础必须具有足够的强度，并能抵御地下各种有害因素的侵蚀。

2）墙和柱。

①墙是建筑物的围护构件，有时也是承重构件。

a. 作为围护构件，外墙起着抵御自然界各种因素对室内侵袭的作用，内墙起着分隔建筑内部空间，避免各空间之间相互干扰的作用。

b. 作为承重构件，承受屋顶、楼板、楼梯等构件传来的荷载，并将这些荷载传给基础。

因此要求墙体应分别具有足够的强度、稳定性，具有保温、隔热、隔声、防水、防火等功能，同时应具有耐久性和经济性。

②为了扩大空间，提高空间的灵活性，满足结构需要，有时用柱子代替墙体作为建筑物的竖向承重构件，因此柱应具有足够的强度和稳定性。

3）楼地层。楼地层是楼板层和地坪层的合称。

①楼板层是建筑物的水平承重构件，承受家具、设备、人体等荷载及自重，并将这些荷载传给墙或柱，同时对墙体起着水平支撑的作用。楼板层按房间层高将整幢建筑物沿水平方向分为若干部分。作为楼板层，要求其具有足够的强度、刚度和稳定性，还应具有隔音、防水等功能。

②地坪层是底层房间与土层相接触的部分，承受底层房间的荷载。要求其具有防潮、防水、保温等功能。

4）楼梯。楼梯是建筑物的垂直交通设施，供使用者上下楼层使用；在遇到火灾、地震等紧急情况时，供紧急疏散、运送物品使用。因此要求楼梯具有足够的强度、通行能力，以及防火、防滑等功能。

在高层建筑中，除设置楼梯外，还应设有电梯。

5）屋顶。屋顶是建筑物顶部的外围护构件和承重构件。作为围护构件，它抵御着自然界中的雨、雪及太阳辐射等对建筑物顶层房间的影响；作为承重构件，它承受着建筑物顶部的荷载，并将这些荷载传给墙或柱。因此屋顶应具有足够的强度、刚度，并具有防水、保温、隔热等性能。

6）门窗。

①门主要供交通出入、分隔和联系内外空间使用。

②窗的主要作用是采光和通风，同时具有分隔和围护作用。

门和窗均为非承重构件。根据建筑物所处环境，门窗应具有保温、隔热、隔音等功能。

建筑物除上述基本组成构件以外，还有许多其他构配件和设施，如阳台、雨篷、台阶、烟道、垃圾井等。

（2）民用构筑物。民用构筑物一般是指为建筑物配套服务的附属构筑物（如水塔、烟囱、管道支架等）。其组成部分一般均少于六部分，而且大多数不是直接被人们使用。

2. 民用建筑工程的基本名词术语

为了做好民用建筑工程施工测量放线，测量员必须了解以下有关的名词术语：

（1）横向。横向是指建筑物的宽度方向。

（2）纵向。纵向是指建筑物的长度方向。

（3）横向轴线。横向轴线是指沿建筑物宽度方向设置的轴线，轴线编号从左向右用数字①、②、…表示。

（4）纵向轴线。沿建筑物长度方向设置的轴线，轴线编号从下向上用汉语拼音大写Ⓐ、Ⓑ、…表示。

（5）开间。开间是指两条横向定位轴线的距离。

（6）进深。进深是指两条纵向定位轴线的距离。

（7）层高。层高是指两层间楼地面至楼地面间的高差。

（8）净高。净高是指净空高度，即为层高减去地面厚、楼板厚和吊顶厚的高度。

（9）总高度。总高度是指室外地面至檐口顶部的总高差。

（10）建筑面积（单位为"m²"）。建筑面积是指建筑物外廓面积再乘以层数。建筑面积由使用面积、结构面积和交通面积组成。

1）结构面积（单位为"m²"）。结构面积是指墙、柱所占的面积。

2）交通面积（单位为"m²"）。交通面积是指走道、楼梯间等净面积。

3）使用面积（单位为"m²"）。使用面积是指主要使用房间和辅助使用房间的净面积。

3. 确定民用建筑定位轴线的原则

1）承重内墙顶层墙身的中线与平面定位轴线相重合。

2）承重外墙顶层墙身的内缘与平面定位轴线间的距离，一般为顶层承重外墙厚度的一半、半砖或半砖的倍数。

3）非承重外墙与平面定位轴线的联系，除可按承重布置外，还可使墙身内缘与平面定位轴线相重合。

4）带承重壁柱外墙的墙身内缘与平面定位轴线的距离，一般为半砖或半砖的倍数。为内壁柱时，可使墙身内缘与平面定位轴线相重合；为外壁柱时，可使墙身外缘与平面定位轴线相重合。

5）柱子的中线应通过定位轴线。

6）结构构件的端部应以定位轴线来定位。

在测量放线中，由于轴线多是通过柱中线、钢筋等影响视线。为此，在放线中多取距轴线一侧为1～2m的平行借线，以利通视。但在借线中，一定要坚持借线方向（向北或向南，向东或向西）和借线距离（最好为整米数）的规律性。

4. 变形缝的分类、作用与构造

变形缝可分为伸缩缝、沉降缝和防震缝三种。

（1）伸缩缝。伸缩缝有解决温度变形的作用。当建筑物的长度大于或等于60m时，一般用伸缩缝分开，缝宽为20～30mm。其构造特点是仅在基础以上断开，基础不断开。

（2）沉降缝。沉降缝有解决沉降变形的作用。当建筑物的高度不同、荷载不同、结构类型不同或平面有明显变化处，应用沉降缝隔开。沉降缝应从基础垫层开始至建筑物顶部全部断开。缝宽为70～120mm。

（3）防震缝。建造在地震区的建筑物，在需要设置伸缩缝或沉降缝时，一般均按防震缝考虑。其缝隙尺寸不应小于120mm，或取建筑物总高度的1/250。这种缝隙的基础也断开。

5．楼梯的组成、各部分尺寸与坡度

楼梯由楼梯段、休息平台、栏杆或栏板三部分组成。楼梯是建筑物中的上下通道，楼梯的各部分尺寸均应满足防火和疏散要求。

（1）楼梯段。楼梯段是由踏步组成的。踏步的水平面叫踏面，立面叫踢面。按步数规定，楼梯段步数最多为18步，最少为3步。楼梯段在单股人流通行时，宽度不应小于850mm，供两股人流通行时，宽度不应小于1100～1200mm。供疏散用的楼梯最小宽度为1100mm。

（2）休息平台。休息平台可以缓解上下楼时的疲劳，起缓冲作用。休息平台的宽度不应小于楼梯段的宽度，这样才能保证正常通行。

（3）栏杆或栏板。栏杆或栏板的设置是为了保证上下楼行走安全。栏杆或栏板上应安装扶手，栏杆与栏板的高度也应保证安全。除幼儿园等建筑中扶手高度较低或做成两道扶手外，其余均应在900～1100mm之间。

（4）楼梯的坡度。楼梯的坡度是指楼梯段的坡度。一般有两种确定方法：其一是斜面和水平面的倾斜角，其二是斜面的高差与斜面在水平面上的投影长度之比。

楼梯的倾角 θ 一般在20°～45°之间，也就是坡度 $i = 1/2.75 \sim 1/1$ 之间。在公共建筑中，上下楼人数较多，坡度应该平缓，一般用1/2的坡度，即倾角 $\theta = 26°34'$。住宅建筑中的楼梯，使用人数较少，坡度可以陡些，常用1/1.5的坡度，即倾角 $\theta = 33°41'$。

楼梯的踢面与踏面的尺寸决定了楼梯的坡度。踢面与踏面的尺寸之和应为450mm，或两个踢面与一个踏面的尺寸之和应为620mm。踏面尺寸应考虑行走方便，一般不应小于250mm（常用300mm）。在每个楼梯段中踢面均比踏面多一个，这一点在放线工作中不可忽视。

1.4.3　工业建筑构造

1．工业建筑物与构筑物

（1）工业建筑物。工业建筑物通常可以分为生产车间和辅助生产房屋。生产车间是指直接为生产工艺要求进行生产的工业建筑物；而辅助生产房屋则是指为生产服务的辅助生产用房、锅炉房、水泵房、仓库、办公、生活用房等。

单层工业厂房的结构支承方式基本上可分为承重墙结构与排架结构两类。当厂房跨度、高度、起重机荷载较小及地震烈度较低时采用承重墙结构；当厂房的跨度、高度、起重机荷载较大及地震烈度较高时，广泛采用钢筋混凝土排架承重结构。骨架结构由柱基础、柱、梁、屋架等组成，以承受各种荷载，这时墙体在厂房中只起围护或分隔作用。这种体系由承重构件和围护构件两大部分组成，如图1-12所示。

1）承重构件。

①柱：排架柱是厂房结构的主要承重构件，它承受屋架、桥式起重机梁、支撑、连系梁和外墙传来的荷载，并把这些荷载传给基础。

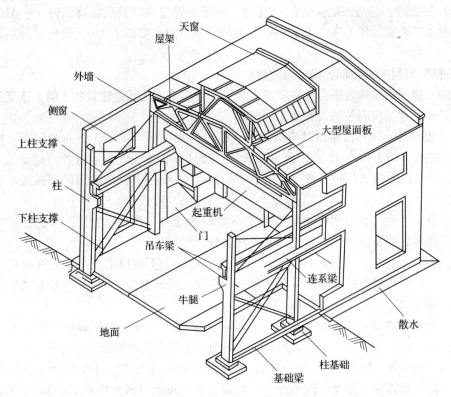

图 1 – 12　单层工业厂房的组成

　　单层工业厂房的山墙面积大，所受风荷载也大，故在山墙中布设抗风柱，使墙面受到的风荷载一部分由抗风柱上端通过屋顶系统传到厂房纵向骨架上去，一部分由抗风柱直接传至基础。

　　②基础：基础承受柱子和基础梁传来的荷载，并将这些荷载传给地基。

　　③屋架：屋架是屋盖结构的主要承重构件，承受屋面板、天窗等屋盖上的荷载，再将荷载传给柱子。

　　④屋面板：屋面板铺设在屋架、檩条或天窗架上，直接承受板上的各类荷载（包括屋面板自重、雪荷载、积灰荷载、施工检修荷载等），并将荷载传给屋架。

　　⑤桥式起重机梁：桥式起重机梁设置在柱子的牛腿上，其上装有桥式起重机轨道，桥式起重机沿着轨道行驶。桥式起重机梁承受桥式起重机的自重和起重、运行中的荷载（包括桥式起重机的起重量、桥式起重机起动或制动时所产生的纵向、横向制动力及冲击荷载等），并将这些荷载传给柱子。

　　⑥连系梁：连系梁是厂房纵向柱列的水平连系构件，用以增加厂房的纵向刚度，承受风荷载或上部墙体的荷载，并将荷载传给纵向柱列。

　　⑦基础梁：基础梁承受上部墙体的重量，并把这些荷载传给基础。

　　⑧支撑系统构件：支撑构件的作用是加强结构的空间整体刚度和稳定性。它主要传递水平风荷载及起重机产生的水平制动力。支撑构件设置在屋架之间的称为屋盖结构支撑系统，设置在纵向柱列之间的称为柱间支撑系统。

2）围护构件。

①屋面：屋面是厂房围护构件的主要部分，受自然条件的直接影响，故必须处理好屋面的防水、排水、保温、隔热等方面的问题。

②外墙：厂房外墙通常采用自承重墙形式，除承受自重及风荷载外，主要起防风、防雨、保温、隔热、遮阳等作用。

③门窗：门主要起交通作用，窗主要起采光和通风的作用。

④地面：地面需满足生产使用要求，能提供良好的劳动条件。

3）其他构件。

①桥式起重机梯：当在桥式起重机上设有驾驶室时，需设置供桥式起重机驾驶员上下使用的梯子。

②隔断：隔断是为满足生产使用或便于生产管理、分隔空间设置的。

③走道板：走道板是为工人检修起重机和轨道而设置的。

④屋面检修梯：屋面检修梯是为检修屋面和消防人员设置的梯子。

此外，还有平台、作业梯、扶手、栏杆等。

（2）工业构筑物。工业构筑物一般指为建筑物配套服务的构造设施，如水塔、烟囱、各种管道支架、冷却塔、水池等。其组成部分一般均少于六部分，且不是直接为生产使用。

2．工业建筑工程的基本名词术语

为了做好工业建筑工程施工的测量放线，测量员必须了解以下有关名词术语：

（1）柱距。指单层工业厂房中两条横向轴线之间即两排柱子之间的距离，通常柱距以 6m 为基准，有 6m、12m 和 18m 之分。

（2）跨度。跨度指单层工业厂房中两条纵向轴线之间的距离，跨度在 18m 以下时，取 3m 的倍数，即 9m、12m、15m 等，跨度在 18m 以上时，取 6m 的倍数，即 24m、30m、36m 等。

（3）厂房高度。单层工业厂房的高度是指柱顶高度和轨顶高度两部分。柱顶高度是从厂房地面至柱顶的高度，一般取 30mm 的倍数。轨顶高度是从厂房地面至吊车轨顶的高度，一般取 600mm 的倍数（包括有 ±200mm 的误差）。

3．工业建筑的特点

工业厂房是为生产服务的，在使用上必须满足工艺要求。工业建筑的特点大多数与生产因素有关，具体有以下几点：

1）工艺流程决定了厂房建筑的平面布置与形状。工艺流程是生产过程，是从原材料→半成品→成品的过程。因此工业厂房柱距、跨度大，特别是联合车间，面积可达 10 万 m^2。

2）生产设备和起重运输设备是决定厂房剖面图的关键。生产设备包括各种机床、水压机等，运输设备包括各类吊车等，起重吊车一般在几吨至上百吨。

3）车间的性质决定了构造做法的不同。热加工车间以散热、除尘为主，冷加工车间应注意防寒、保温。

4）工业厂房的面积大、跨数多、构造复杂。如内排水、天窗采光及一些隔热、散热的结构与做法。

4. 确定厂房定位轴线的原则

厂房的定位轴线与民用建筑定位轴线基本相同，也有纵向、横向之分。

（1）横向定位轴线。横向定位轴线决定主要承重构件的位置。其中有屋面板、吊车梁、连系梁、基础梁以及纵向支撑、外墙板等。这些构件又搭放在柱子或屋架上，因而柱距就是上述构件的长度。横向定位轴线与柱子的关系，除山墙端部排架柱及横向伸缩缝外柱以外，均与柱的中心线重合。山墙端部排架柱应从轴线向内侧偏移 500mm。横向变形缝处采用双柱，柱中均与定位轴线相距 500mm。横向定位轴线通过山墙的里皮（抗风柱的外皮），形成封闭结合。

（2）纵向定位轴线。纵向定位轴线与屋架（屋面架）的跨度有关。同时与屋面板的宽度、块数及厂房内吊车的规格有关。纵向定位轴线在外纵墙处一般通过柱外皮即墙里皮（封闭结合处理）；纵向定位轴线在中列柱外通过柱中；纵向定位轴线在高低跨处，通过柱边的叫封闭结合，不通过柱边的叫非封闭结合。

（3）封闭结合与非封闭结合。纵向柱列的边柱外皮和墙的内缘与纵向定位轴线相重合时，叫封闭结合。纵向柱列的边柱外缘和墙的内缘与纵向定位轴线不相重合时，叫非封闭结合。轴线从柱边向内移动的尺寸叫联系尺寸。联系尺寸用"D"表示，其数值为150mm、250mm、500mm。

（4）插入距。为了安排变形缝的需要，在原有轴线间插入一段距离叫插入距。

封闭结合时，插入距（A）＝墙厚（B）＋缝隙（C）。非封闭结合时，插入距（A）＝墙厚（B）＋缝隙（C）＋联系尺寸（D）。关于插入距在纵向变形缝、横向变形缝处的应用，可参阅有关图形。

1.5　测量误差

1.5.1　测量误差的分类

1. 系统误差

在观测条件相同的情况下，对某量进行一系列观测，若误差出现的符号和大小均相同或按一定的规律变化，称这种误差为系统误差。产生系统误差主要是由于测量仪器和工具的构造不完善或校正不准确。

系统误差具有积累性，这对测量结果会造成相应的影响，但是它们的符号和大小具有一定的规律。有的误差可以用计算的方法加以改正并消除，如尺长误差和温度对尺长的影响；有的误差可以使用一定的观测方法加以消除，如在水准测量中，用前后视距相等的方法消除。角影响，在经纬仪测角中，采取盘左、盘右观测值取中数的方法来消除视准差、支架差和竖盘指标差的影响；有的系统误差，如经纬仪照准部水准管轴不垂直于竖轴的误差对水平角的影响，则只能对仪器进行精确校正，同时要在观测中采用仔细整平的方法将其影响减小到被允许的范围之内。

2. 偶然误差

偶然误差（又称随机误差），是指在相同的观测条件下，对某量进行了 n 次观测，则误差出现的大小和符号均不一定。如用经纬仪测角时的照准误差，钢尺量距时的读数误差等，都属于偶然误差。

偶然误差，就其个别值而言，在观测前我们确实不能预知其出现的大小。但是如果在一定的观测条件下，对某量进行多次观测，误差列却呈现出一定的规律性，称为统计规律。并且随着观测次数的增加，偶然误差的规律性表现得更加明显。

偶然误差主要包括以下特征：

1）在一定的观测条件下，偶然误差的绝对值不会超过一定的限值。

说明偶然误差的"有界性"。它说明偶然误差的绝对值有个限值，如果超过这个限值，说明观测条件不正常或有粗差存在。

2）绝对值小的误差比绝对值大的误差出现的机会多（或概率大）。

反映了偶然误差的"密集性"，即越是靠近0，误差分布越密集。

3）绝对值相等的正、负误差出现的机会相等。

反映了偶然误差的对称性，即在各个区间内，正负误差个数相等或极为接近。

4）在相同条件下，同一量的等精度观测，其偶然误差的算术平均值，随着观测次数的无限增大而趋于零。

反映了偶然误差的"抵偿性"，它可由第三特性导出，即在大量的偶然误差中，正负误差有相互抵消的特征。

因此，当 n 无限增大时，偶然误差的算术平均值应趋于零。

1.5.2 测量误差的来源及处理

1. 测量误差的来源

测量误差是不可避免的，其产生的原因主要有以下几个方面：

1）测量工作所使用的仪器，尽管经过了检验校正，但是还会存在残余误差，因此不可避免地会给观测值带来影响。

2）测量过程中，无论观测人员的操作如何认真仔细，但是由于人的感觉器官鉴别能力的限制，在进行仪器的安置、瞄准、读数等工作时都会产生一定的误差，同时观测者的技术水平、工作态度也会对观测结果产生不同的影响。

3）由于测量时外界自然条件，如温度、湿度、风力等的变化，给观测值带来误差。

观测条件（即引起观测误差的主要因素），是指观测者、观测仪器和观测时的外界条件。观测条件相同的各次观测，称为同精度观测；观测条件不同的各次观测，称为不同精度观测。

2. 测量误差的处理原则

在测量工作中，由于观测值中的偶然误差不可避免，有了多余观测，观测值之间必然产生误差（不符值或闭合差）。按照差值的大小，可以评定测量的精度，差值如果大到一定程度，就认为观测值中有错误（不属于偶然误差），称为误差超限，应予重测（返工）。差值若不超限，则按偶然误差的规律来处理，称为闭合差的调整，以求得最可靠的数值。这项工作称为"测量平差"。

除此之外，在测量工作中还可能发生错误，如读错读数、瞄错目标、记错数据等。错误是由于观测者本身疏忽造成的，通常称为粗差。粗差不属于误差范畴，测量工作中是不允许的，它会影响测量成果的可靠性，测量时必须遵守测量规范，认真操作，随时检查，并进行结果校核。

1.5.3　衡量精度的标准

1. 中误差

在相同的观测条件下观测，为了避免正、负误差相互抵消，能够明显反映观测值中较大误差的影响，取均方差计算较为合适。因为在实际测量工作中，不可能某一量作无限多次观测，因此定义按有限次观测的偶然误差（真误差）求得的均方差为中误差 m，即：

$$m = \pm \sqrt{\frac{\Delta_1^2 + \Delta_2^2 + \cdots + \Delta_n^2}{n}} = \pm \sqrt{\frac{[\Delta\Delta]}{n}} \qquad (1-4)$$

从式（1-4）可以看出，中误差不等于真误差，它只是一组真误差的代表值。中误差 m 值的大小表明这组观测值精度的高低，而且它还能明显地反映出测量结果中较大误差的影响，因此通常都采用中误差作为评定观测值精度的标准。

2. 相对误差

在某些测量工作中，用中误差这个标准不能反映出观测的质量，如用钢尺丈量 200m 和 80m 两段距离，观测值的中误差都是 ±20mm，但不可以认为两者的精度一样。因为丈量误差与其长度有关，因此用观测值的中误差绝对值与观测值之比化为分子为 1 的分数的形式，称为相对误差，用 K 表示。它是个无名数，用来衡量精度高低。

$$K = \frac{|m|}{x} = \frac{1}{x/|m|} \qquad (1-5)$$

第一组的相对误差低于第二组的相对误差，则第一组精度高于第二组。

观测值的精度，按照不同性质的误差有不同的概念描述，精度表示测量结果中偶然误差大小的程度，正确度表示测量结果中系统误差大小的程度，准确度是测量结果中系统误差与偶然误差的综合，表示测量结果与真值的一致程度。

3. 容许误差

偶然误差的特性表明，在一定条件下，其误差的绝对值是有一定限度的，因而在衡量某一观测值的质量，决定其取舍时，可以该限度作为观测量误差的限值，将其称为极限误差，又称为容许误差、限差。若测量误差超过该值范围，就认为该观测值的质量不合格。

通过数理统计理论分析误差概率分布曲线可知，观测值真误差的绝对值大于中误差的偶然误差出现的可能性为 32%，大于两倍中误差的偶然误差出现的可能性只有 5%，大于三倍中误差的偶然误差出现的可能性仅为 0.3%。

从上述统计可以看出，绝对值大于三倍中误差的偶然误差在观测中是很少出现的，因此一般用三倍中误差作为误差的界限，称为该观测条件的极限误差。即：

$$\Delta_{限} = 3m \qquad (1-6)$$

在实际工作中，测量规范要求观测值不允许较大的误差，常以三倍中误差作为偶然误差的容许值，称为容许误差。即：

$$\Delta_{容} = 3m \qquad (1-7)$$

对一些要求严格的精密测量，有时以两倍中误差作为偶然误差的容许值，即：

$$\Delta_{容} = 2m \qquad (1-8)$$

在实际观测中，偶然误差一旦超过规定的限差范围，则说明观测值质量不符合要求，必须舍去，应予以重新观测。

1.5.4　误差的传播定律

前面介绍了对某一量（如一个角度、一段距离）直接进行多次观测，以求得其最或是值[①]，计算观测值的中误差，作为衡量精度的标准。但是在实际工作中，某些未知量不可能或不便于直接进行观测，而需要由另一些直接观测值依据一定的函数关系计算出来。由于观测值中含有误差，使函数受其影响也含有误差，称为误差传播。阐述观测值与它的函数值之间中误差关系的定律，称为误差传播定律。

设有一般函数：

$$Z = F(x_1, x_2, \cdots, x_n) \qquad (1-9)$$

式中：$x_1, x_2, \cdots, x_n$——可直接观测的相互独立的未知量，设其中误差分别为 m_1，

$m_2, \cdots, m_n$；

Z——不便于直接观测的未知量，则经推导，有：

$$m_z = \pm\sqrt{\left(\frac{\partial F}{\partial x_1}\right)^2 m_1^2 + \left(\frac{\partial F}{\partial x_2}\right)^2 m_2^2 + \cdots + \left(\frac{\partial F}{\partial x_n}\right)^2 m_n^2} \qquad (1-10)$$

式（1-10）即为计算函数中误差的一般形式。应用时，必须注意各观测值必须是独立的变量。

对于线性函数：

$$Z = k_1 x_1 \pm k_2 x_2 \pm \cdots \pm k_n x_n \qquad (1-11)$$

式（1-10）可简化为：

$$m_z^2 = (k_1 m_1)^2 + (k_2 m_2)^2 + \cdots + (k_n m_n)^2 \qquad (1-12)$$

如果某线性函数只有一个自变量，即：

$$Z = kx \qquad (1-13)$$

则函数成为倍函数。按照误差传播定律，得出倍函数的中误差为：

$$m_z = km \qquad (1-14)$$

应用误差传播定律解题时，应按以下三个步骤进行：

第一步，根据实际工作中遇到的问题，正确写出观测值的函数式。

第二步，对函数式进行全微分。

第三步，将全微分式中的微分符号用中误差符号代替，各项平方，等式右边用加号连接起来，即将全微分式转换成中误差关系式。

---

① 最或是值是指未知量最可靠估值（最接近其真值）。

2 | 水 准 测 量

2.1 水准测量概述

2.1.1 水准测量原理

水准测量是利用能够提供水平视线的仪器——水准仪，同时借助水准尺，测定地面上两点之间的高差，再由已知点的高程推算未知点高程的一种测定高程的方法。

如图 2-1 所示，已知 A 点的高程 H_A，欲求 B 点的高程 H_B，在 A、B 两点间安置水准仪，分别读取竖立在 A、B 两点上的水准尺读数 a 和 b，由几何原理可知 A、B 两点间的高差为：

$$h_{ab} = a - b \qquad (2-1)$$

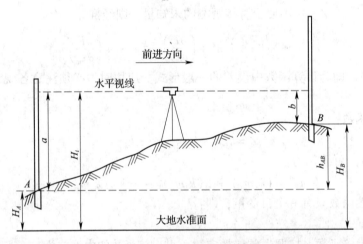

前进方向

水平视线

大地水准面

图 2-1 水准测量原理

测量工作一般是由已知点向未知点方向进行的，即图 2-1 中，由已知点 A 向待求点 B 进行，则称 A 点为后视点，其上水准尺的读数 a 为后视读数；B 点为前视点，其上水准尺的读数 b 为前视读数。a、b 的真实意义分别为水平视线到后视点 A 和前视点 B 的高度。由此可知，两点之间的高差等于后视读数减去前视读数。

由图 2-1 和式 (2-1) 不难看出：

当 $a > b$ 时，$h_{AB} > 0$，B 点比 A 点高；$a < b$ 时，$h_{AB} < 0$，B 点比 A 点 B 低；$a = b$ 时，$h_{AB} = 0$，B 点与 A 点同高。

由图 2-1 可知，B 点的高程为：

$$H_B = H_A + H_{ab} = H_A + (a - b) \qquad (2-2)$$

按式 (2-2) 直接利用高差 h_{AB} 计算 B 点高程，称为高差法。

从图 2-1 中可以看出，$H_A + a$ 为视线高程 H_i，则式（2-2）还可写为：

$$H_B = H_i - b \qquad (2-3)$$

在实际工程测量中，当安置一次水准仪需测定多个前视点高程时，通常可以先计算出水准仪的视线高程 H_i，再由视线高程 H_i 推算出 B 点的高程 H_a。按式（2-1）利用仪器视线高程 H_i 计算 B 点高程的方法通常称为仪高法。

2.1.2 测站和转点

如果 A、B 两点相距较远或高差较大，安置一次仪器无法测得其高差时，就需要在两点间加设若干个临时的立尺点，作为传递高程的过渡点（称为转点），并依次连续地测出各相邻点间的高差 h_{A1}，h_{12}，h_{23}，$\cdots$，$h_{n-1,B}$ 才能求得 A、B 两点间的高差 h_{AB}。如图 2-2 所示，ZD_1，ZD_2，ZD_3，$\cdots$，ZD_{n-1} 点为转点，各个测站的高差为：

$$h_{A1} = a_1 - b_1$$
$$h_{12} = a_2 - b_2$$
$$h_{23} = a_3 - b_3$$
$$\vdots$$
$$h_{n-1,B} = a_n - b_n$$

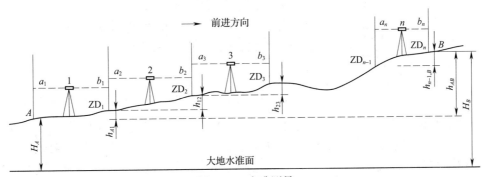

图 2-2 水准测量

将以上各站高差相加，则得 A、B 两点间的高差：

$$h_{AB} = h_{A1} + h_{12} + h_{23} + \cdots + h_{n-1,B} = \sum h = \sum a - \sum b \qquad (2-4)$$

式（2-4）表明，起点到终点的高差，等于中间各段高差的代数和，也等于各测站后视读数总和减去前视读数总和。在实际作业中，可先算出各测站的高差，然后取它们的总和得到 h_{AB}。再用后视读数之和减去前视读数之和计算出高差 h_{AB}，据此检核计算是否正确。

2.2 水准测量仪器

2.2.1 水准测量的仪器

1. 微倾式水准仪的基本构造

微倾式水准仪的基本构造如图 2-3 所示，DS$_3$ 型微倾式水准仪主要由望远镜、水准器和基座三部分组成。

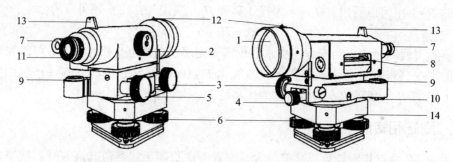

图 2-3　DS₃ 型微倾式水准仪

1—物镜；2—物镜调焦螺旋；3—水平微动螺旋；4—制动螺旋；5—微倾螺旋；
6—脚螺旋；7—符合气泡观察镜；8—水准管；9—圆水准器；
10—校正螺丝；11—目镜；12—准星；13—照门；14—基座

（1）望远镜。望远镜主要由物镜、目镜、物镜调焦（对光）螺旋和十字丝分划板组成，其作用是提供一条水平视线，精确照准水准尺进行读数，如图 2-4 所示。

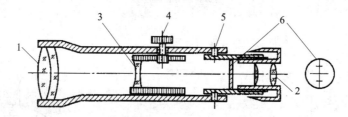

图 2-4　望远镜

1—物镜；2—目镜；3—对光透镜；4—物镜对光螺旋；5—固定螺丝；6—十字丝分划板

望远镜的物镜和目镜一般由复合透镜组成。由于物镜调焦构造不同，望远镜有外对光望远镜和内对光望远镜两种，目前使用的多为内对光望远镜，该种望远镜的对光透镜为凹透镜，位于物镜和目镜之间。望远镜的对光是通过旋转物镜调焦螺旋，使调焦镜在望远镜镜筒内平移来实现的，其成像原理如图 2-5 所示。

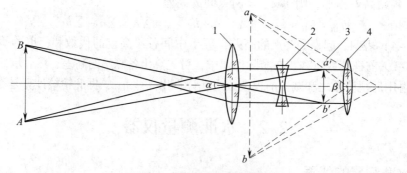

图 2-5　望远镜成像原理

1—物镜；2—对光透镜；3—十字丝分划板；4—目镜

目标 AB 经过物镜后形成一个倒立且缩小的实像 $a'b'$，移动对光透镜可使不同距离的目标均能成像在十字丝平面上。通过目镜的作用，可看到同时放大了的十字丝和目标影像 ab。

如图 2-5 所示，从望远镜内看到目标的像所对的视角为 β，用肉眼看目标所对的视角可近似地认为是 α，从望远镜内所看到的目标 AB 影像的视角与肉眼直接观察该目标的视角之比，称为望远镜的放大率，一般用 v 表示，则望远镜的放大率为：

$$v = \frac{\beta}{\alpha} \tag{2-5}$$

DS$_3$ 型微倾式水准仪望远镜的放大率一般为 28 倍左右。

如图 2-6 所示，十字丝分划板是一块刻有分划线的光学玻璃板。光学玻璃板上相互垂直的细线称为十字丝，竖的一根称为竖丝，横的三根称为横丝，其中中间较长的一根横丝称为中丝，用来读取水准尺上的读数以计算高差；上下较短的两根横丝，分别称为上丝和下丝，上、下丝又合称视距丝，用来测定水准仪至水准尺的水平距离。十字丝交点与物镜光心的连线，称为视准轴。

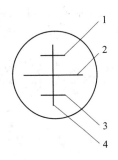

图 2-6　十字丝分划板

1—上丝；2—中丝；
3—下丝；4—竖丝

（2）水准器。水准器是水准仪的整平装置，分为管水准器和圆水准器两种。管水准器用来判断视准轴是否水平，圆水准器则用来判断仪器竖轴是否竖直。

1）管水准器。管水准器又称为水准管，是一个纵向内壁被磨成圆弧形的玻璃管。其内装酒精和乙醚的混合物，经加热密封冷却，形成一气泡，如图 2-7（a）所示。水准管圆弧内壁的最高点称为水准管的零点，过零点与圆弧相切的直线称为水准管轴。当气泡的中心与零点重合时，称为气泡居中。为了便于判断气泡是否居中，在水准管的表面上，自零点向两侧每隔 2mm 刻有对称的分划线，一般根据气泡的两端是否与分划线的对称位置对齐，来判断气泡是否居中。水准管上，相邻两分划线之间的弧长 2mm 所对应的圆心角，称为水准管的分划值，一般用 τ 来表示，如图 2-7（b）所示，则：

$$\tau = \frac{2}{R}\rho \tag{2-6}$$

式中：τ ——2mm 弧长所对的圆心角；

ρ —— $\rho = 206265''$；

R ——水准管圆弧半径。

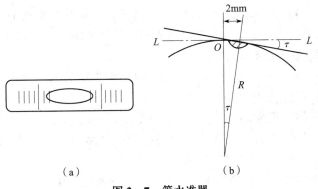

（a）　　　　　　　　　（b）

图 2-7　管水准器

水准管圆弧半径越大，分划值就越小，则水准管灵敏度就越高，也就是仪器整平的精度越高。DS₃型微倾式水准仪的水准管分划值一般为20″/2mm。

为了提高水准管气泡居中的精度，DS₃型微倾式水准仪都装有符合棱镜系统，借助符合棱镜系统使水准管气泡一侧的两端成像，使气泡两端的像反映在望远镜旁的符合气泡观察窗（镜）中，由观测者查看观察窗中气泡两端的像对齐与否，来判断气泡是否居中，如图2－8所示。若气泡两端的像对齐，则表示气泡居中，水准管轴水平；否则表示气泡不居中，这时可转动微倾螺旋，使气泡两端的像对齐。

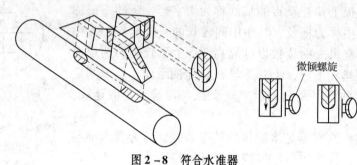

图 2－8　符合水准器

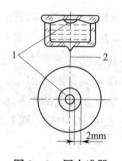

图 2－9　圆水准器
1—气泡；2—圆水准器轴

2）圆水准器。圆水准器是一个内壁被磨成球面的玻璃圆盒，同样内装酒精和乙醚的混合物，经加热密封冷却，形成一气泡，如图2－9所示。球面的最高点称为圆水准器的零点，过零点和球心的连线，称为圆水准器轴。当气泡的中心与圆水准器的零点重合时，称为气泡居中。气泡居中时，圆水准器轴竖直，则仪器竖轴亦处于竖直位置。在零点的周围刻有圆形的分划线，相邻两分划线之间的弧长也是2mm，其所对应的圆心角，称为圆水准器分划值。

DS₃型微倾式水准仪的圆水准器分划值一般为 8′/2mm ～ 10′/2mm，灵敏度较低，因此圆水准器只能用来粗略整平仪器。

（3）基座。基座主要由轴座、脚螺旋和连接板等组成。其作用是用来支撑仪器的上部，并通过连接螺旋使仪器与三脚架相连。调节基座上的三个脚螺旋可使圆水准器气泡居中。

2. 微倾式水准仪的基本操作

（1）安置仪器。撑开三脚架，根据观测者的身高，调节三脚架的架腿高度，使高度适中；架头大致水平，将三脚架的三个架腿踏牢，从仪器箱中取出水准仪，用脚架上的连接螺旋将水准仪固连在三脚架的架头上。

（2）粗略整平。粗略整平是指调节基座上的三个脚螺旋使圆水准器的气泡居中，从而使仪器竖轴竖直。具体操作如下：

1）转动望远镜使其视准轴与1、2两个脚螺旋的连线垂直，旋转1、2两个脚螺旋，使圆水准器气泡移到1、2两个脚螺旋连线的中间，如图2－10（a）所示。旋转脚螺旋时，1、2两个脚螺旋的旋转方向是相反的。

2）旋转第3个脚螺旋，使圆水准器气泡居中，如图2－10（b）所示。

3）若发现气泡仍然没有居中，则需重复上述两步操作，直至气泡居中。

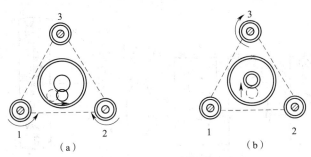

图 2-10 粗略整平

整平时，气泡移动的方向与左手大拇指旋转脚螺旋的方向是一致的。用双手同时操作两个脚螺旋时，应以左手大拇指的转动方向为准，同时向内或向外旋转。

（3）瞄准目标。

1）目镜调焦。将望远镜对向明亮处，旋转目镜调焦螺旋使十字丝清晰。

2）粗略瞄准。转动望远镜，利用望远镜筒上的照门和准星瞄准水准尺，拧紧制动螺旋。

3）物镜调焦。旋转物镜调焦螺旋，使水准尺成像清晰。

4）精确瞄准。旋转水平微动螺旋，使十字丝的竖丝瞄准水准尺的边缘或中央。

5）消除视差。当物镜调焦不够精确时，水准尺的像并不能成在十字丝分划板上，此时若观测者的眼睛在目镜端上下微动，就会发现十字丝横丝与水准尺影像之间存在相对移动，这种现象称为视差。如图 2-11（a）、（b）所示，当眼睛位于目镜的中间时，十字丝交点的读数为 a；当眼睛向上或向下时，则会得到不同的读数 b 或 c。只有当水准尺的像与十字丝重合时，不论眼睛在任何位置，读数均为 a，如图 2-11（c）所示。在观测中，当出现如图 2-11（a）、（b）所示的情况时，应继续旋转物镜调焦螺旋，直至水准尺的像精确成在十字丝分划板平面上，确保视差消除。

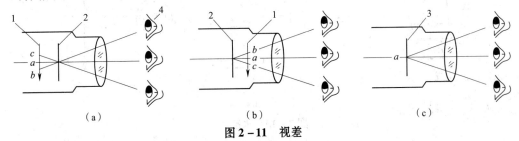

图 2-11 视差

1—水准尺的像；2—十字丝；3—水准尺的像与十字丝重合；4—眼睛

（4）精平与读数。

1）精平。精平是指旋转微倾螺旋使水准管气泡居中，水准管轴水平，从而使视准轴水平。如图 2-12（a）所示，观测者应注视符合气泡观察窗，转动微倾螺旋，当水准管气泡两端的像对齐时，水准管轴水平，视准轴亦精确水平。

2）读数。当水准仪精平后，应迅速用十字丝的中丝在水准尺上读数。读数时，应从小到大，即读取米（m）、分米（dm）、厘米（cm）和毫米（mm）四位，其中毫米为估读数；如图 2-12（b）所示，读数为 0.806m。读完数后，还应检查符合气泡是否仍然居中，若气泡偏离，则需转动微倾螺旋使气泡居中后重新读数。

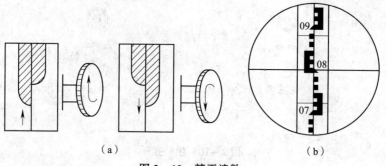

图 2-12   精平读数

2.2.2   水准测量的工具

1. 水准点

用水准测量的方法测定的高程控制点称为水准点，简记 BM。水准点可作为引测高程的依据。水准点分为永久性和临时性两种。永久性水准点可采用混凝土制成，顶面嵌入半球形金属标志，如图 2-13 (a) 所示，金属半球的顶部是水准点的高程位置；在城镇地区，也可以将水准点的金属标志埋入稳定的建筑物的墙脚上，称为墙水准点，如图 2-13 (b) 所示。临时性的水准点可采用大木桩，桩顶打入半球钉子，如图 2-13 (c) 所示；也可以在稳固的物体上突出且便于立尺的地方做出标记。水准点设定后要编号，如 1 号水准点可记为 BM_1。

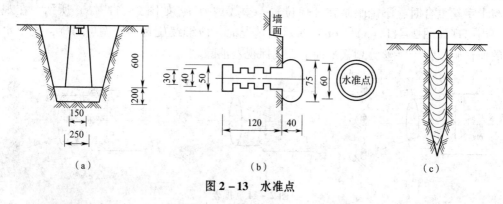

图 2-13   水准点

2. 水准路线

一般情况下，从已知高程的水准点出发，要用连续水准测量的方法才能测出另一待定水准点的高程，在水准点之间进行水准测量所经过的路线称为水准路线。根据测区的情况不同，水准路线可布设成以下三种基本形式。

(1) 闭合水准路线。如图 2-14 (a) 所示，从已知高程的水准点 BM_I 出发，依次沿各待定高程点 1，2，…，4 进行水准测量，最后又回到原已知水准点 BM_I，这种路线形式称为闭合水准路线。

(2) 附合水准路线。如图 2-14 (b) 所示，从已知高程的水准点 BM_I 出发，依次沿各待定高程点 1，2，…，4 进行水准测量，最后附合到另一个已知高程的水准点 BM_{II}，这种路线形式称为附合水准路线。

（3）支水准路线。如图2-14（a）所示，从已知高程的水准点 BM_1 出发，沿待定高程点5、6进行水准测量，既不闭合到原来水准点上，也不附合到另一水准点上，这种路线形式称为支水准路线。

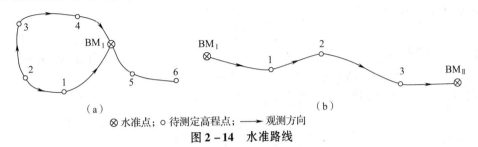

（a）   （b）

⊗水准点；○待测定高程点；→观测方向

图2-14 水准路线

3．水准测量的实测方法

（1）简单水准测量的观测程序。

1）在已知高程的水准点上立水准尺，作为后视尺。

2）在路线前进方向上的适当位置放置尺垫，在尺垫上竖立水准尺作为视尺。仪器距两水准尺间的距离基本相等，最大视距不大于150m。

3）安置仪器，使圆水准器气泡居中。照准后视标尺，消除视差，用微倾螺旋调节水准管气泡并且使其精确居中，用中丝读取后视读数，记入手簿。

4）照准前视标尺，使水准管气泡居中，用中丝读取前视读数，并记入手簿。

5）将仪器迁至第二站，同时第一站的前视尺不动，变成第二站的后视尺，第一站的后视尺移至前面适当位置成为第二站的前视尺，按第一站相同的观测程序进行第二站测量。

6）如此连续观测、记录，直至终点。

（2）复合水准测量的施测方法。

在实际测量中，因为起点与终点间距离较远或高差较大，一个测站不能全部通视，需要把两点间距分成若干段，然后连续多次安置仪器，重复一个测站的简单水准测量过程，这样的水准测量称为复合水准测量，它的特点就是工作的连续性。

4．水准测量的记录与计算

（1）高差法计算。由图2-15可知，每安置一次仪器，便可测得一个高差，即：

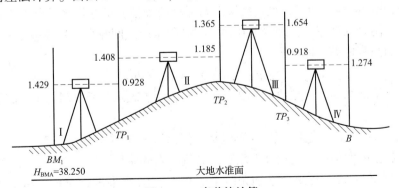

图2-15 高差法计算

$$h_1 = a_1 - b_1 \tag{2-7}$$
$$h_2 = a_2 - b_2 \tag{2-8}$$
$$h_3 = a_3 - b_3 \tag{2-9}$$
$$h_4 = a_4 - b_4 \tag{2-10}$$

将以上各式相加，则：

$$\sum h = \sum a - \sum b \tag{2-11}$$

即 A、B 两点的高差等于各段高差的代数和，也等于后视读数的总和减去前视读数的总和，按照 BM 高程和各站高差，可推算出各转点高程和 B 点高程。

最后由 V 点高程 H_B 减去 A 点高程 H_A，即：

$$H_B - H_A = \sum h \tag{2-12}$$

因而有：

$$\sum a - \sum b = \sum h = H_终 - H_始 \tag{2-13}$$

（2）仪高法计算。仪高法的施测步骤与高差法基本相同。

仪高法的计算方法与高差法不同，须先计算仪高 H_i，再推算前视点和中间点的高程。为了防止计算上的错误，还应进行计算检核，用下式进行检核。

$$\sum a - \sum b\,（不包括中间点）= H_终 - H_始 \tag{2-14}$$

5. 水准测量的检核

（1）计算检核。

$$\sum a - \sum b = \sum h = H_终 - H_始 \tag{2-15}$$
$$\sum a - \sum b\,（不包括中间点）= H_终 - H_始 \tag{2-16}$$

按上式分别计算记录中的计算检核式，若等式成立，说明计算正确，否则说明计算有错误。

（2）测站检核。

1）双仪高法。在同一个测站上，第一次测定高差后，变动仪器高度（大于 0.1m 以上），再重新安置仪器观测一次高差。两次所测高差的绝对值不超过 5mm，取两次高差的平均值作为该站的高差，若超过 5mm，则需要重测。

2）双面尺法。在同一个测站上，仪器高度不变，分别利用黑、红两面水准尺测高差，如果两次高差之差的绝对值不超过 5mm，则取平均值作为该站的高差，否则重测。

（3）路线成果检核。

1）附合水准路线。为了使测量成果得到可靠的校核，最好把水准路线布设成附合水准路线。对于附合水准路线，理论上在两已知高程水准点间测得各站高差之和应等于起讫两水准点间的高程之差，即：

$$\sum a - \sum b = \sum h = H_终 - H_始 \tag{2-17}$$

如果高差不能相等，其差值称为高差闭合差，用 f_h 表示。所以附合水准路线的高差闭合差为：

$$\sum a - \sum b\,（不包括中间点）= H_终 - H_始 \tag{2-18}$$

高差闭合差的大小在一定程度上反映了测量成果的质量。

2）闭合水准路线。在闭合水准路线上也可对测量成果进行校核。对于闭合水准路线，因为它起始于同一个点，所以理论上全线各站高差之和应等于零，即：

$$\sum h = 0 \qquad\qquad (2-19)$$

如果高差之和不等于零，则其差值 $\sum h$ 就是闭合水准路线的高差闭合差，即：

$$f_h = \sum h \qquad\qquad (2-20)$$

3）支水准线路。支水准线路必须在起点、终点用往返测进行校核。理论上往返测所得高差绝对值应相等，但符号相反，或是往返测高差的代数和应等于零，即：

$$\sum h_{往} = \sum h_{返} \qquad\qquad (2-21)$$

或：

$$\sum h_{往} + \sum h_{返} = 0 \qquad\qquad (2-22)$$

如果往返测高差的代数和不等于零，其值即为支水准线路的高差闭合差，即：

$$\sum h = \sum h_{往} + \sum h_{返} \qquad\qquad (2-23)$$

有时也可以用两组并测来代替一组的往返测以加快工作进度。两组所得高差应相等，若不等，其差值即为支水准线路的高差闭合差。故：

$$f_h = \sum h_1 - \sum h_2 \qquad\qquad (2-24)$$

闭合差的大小反映了测量成果的精度。在各种不同性质的水准测量中，都规定了高差闭合的限值即容许高差闭合差，用 $f_{h容}$ 表示。一般图根水准测量的容许高差闭合差为：

$$平地：f_{h容} = \pm 40 \sqrt{L} \text{（mm）} \qquad\qquad (2-25)$$

$$山地：f_{h容} = \pm 12 \sqrt{n} \text{（mm）} \qquad\qquad (2-26)$$

式中：L——附合水准路线或闭合水准路线的总长，对支水准线路，L 为测段的长，均以"km"为单位；

　　　n——整个线路的总测站数。

2.3　水准测量的外业与内业工作

2.3.1　水准测量的外业工作

1. 确定水准点和水准路线

（1）确定水准点。采用水准测量方法，测定的高程达到一定精度的高程控制点，称为水准点（通常简记为 BM）。已具有确切可靠高程值的水准点为已知水准点，没有高程值的待测水准点为未知水准点。水准测量通常是从某一已知水准点开始，按一定水准路线，引测其他点的高程。

水准点可分为永久性和临时性两类：

1）永久性水准点一般用混凝土或石料制成，顶部嵌入半球状金属标志，半球状标志顶点表示水准点的点位，如图 2-16（a）所示，埋深到地面冻结线以下。有的永久性水准点用金属标志，埋设于坚固建筑物的墙上，称为墙上水准点，如图 2-16（b）所示。建筑工地上的永久性水准点一般用混凝土制成，顶部嵌入半球状金属标志，如图 2-16（c）所示。

2）临时性的水准点可利用地面突起坚硬岩石等处刻画出点位，或用油漆标记在建筑物上，也可用大木桩打入地下，桩面钉以半球状的金属圆帽钉，如图 2-17 所示。

水准点应布设在稳固、便于保存和引测的地方。埋设水准点后，为便于日后寻找与使用，应绘出水准点与周围固定地物的关系略图，称为点之记。点之记略图式样如图 2-18 所示。

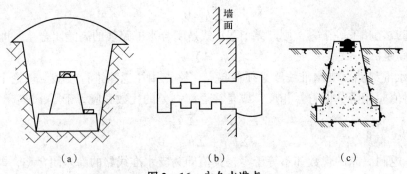

图2-16　永久水准点

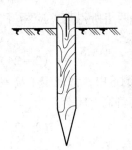

图2-17　临时水准点

（2）确定水准路线。在水准点之间进行水准测量所经过的路线，称为水准路线。相邻两水准点间的水准测量路线，称为一个测段。通常一条水准路线中包含有多个测段，一个测段中包含有多个测站。一个测段中各站高差之和为该测段的起点至终点之高差，各测段高差之和为水准路线的起点至终点之高差。水准仪至水准尺之间的视线长度可通过视距丝读数求得，上丝读数与下丝读数之差再乘以100即为视线长度。一个测站的前、后视线长度之和为该站的水准路线长，一个测段中各站水准路线长之和为该测段水准路线的长度，一条水准路线中各测段水准路线长之和为该条水准路线。

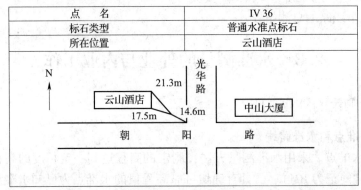

图2-18　水准点点之记

按照已知水准点的分布情况和实际需要，在普通工程测量中，水准路线一般布设为附合水准路线、闭合水准路线和支水准路线，其形式如图2-19所示。

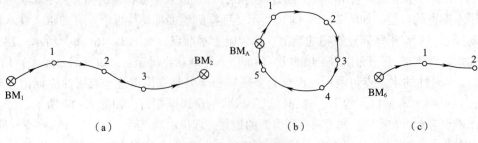

图2-19　水准路线

从一个已知水准点出发，经过各待测水准点进行水准测量，最后附合到另一已知水准点，所构成的水准路线称为附合水准路线，如图 2-19（a）所示。理论上，附合水准路线的各点间高差的代数和，应等于两个已知水准点间的高差，即 $\sum h_{理} = H_{终} - H_{始}$。

从一个已知水准点出发，经过各待测水准点进行水准测量，最后闭合同原出发点的环形路线，称为闭合水准路线，如图 2-19（b）所示。理论上，闭合水准路线的各点间高差的代数和应等于零，即 $\sum h_{理} = 0$。

从一个已知水准点出发，经过各待测水准点进行水准测量，既不闭合又不附合到已知水准点的路线，称为支水准路线，如图 2-19（c）所示。支水准路线要进行往、返观测，以便检核。理论上，往测高差总和与返测高差总和应大小相等、符号相反，即 $\sum h_{往} = -\sum h_{返}$。

（3）水准路线的拟订。首先对测区情况进行调查研究，搜集和分析测区已有的水准测量资料，施测人员亲自到现场踏勘，了解测区现状，核对已有水准点是否保存完好。在此基础上，根据具体任务要求，拟订出比较合理的路线布设方案。如果测区的面积较大，则应先在地形图上进行图上设计。拟订水准路线时，应以高一等级的水准点为起始点，依据规范要求，较为均匀地布设各水准点的位置。最后，还应绘制出水准路线布设示意略图，图上标出水准点的位置、水准路线，注明水准点的编号和水准路线的等级。此外，还应编制施测计划，其中包括人员编制、仪器设备、经费预算及作业进度表等。

拟订好水准路线后，现场选定水准点位置并埋设水准标石，之后进行水准测量外业观测。

2. 水准测量的外业观测与记录

（1）外业观测程序。将水准尺立于已知水准点上作为后视，在施测路线前进方向上的适合位置，放尺垫作为转点，在尺垫上竖立水准尺作为前视，将水准仪安置在与后视、前视尺距离大致相等的地方，前、后视线长度最长不应超过100m。

观测员将仪器粗平后，瞄准后视尺，精平，用中丝读后视读数（读至毫米），记录员复诵并记入手簿；转动望远镜瞄准前视尺，精平后读取中丝读数，记录并立即计算出该站高差。此为第一测站的全部工作。

第一测站结束后，后视标尺员向前转移设转点，观测员将仪器迁至第二测站。此时，第一测站的前视点成为第二测站的后视点，用与第一测站相同的方法进行第二测站的工作。

依次沿水准路线方向施测，至全部路线观测完为止。

（2）观测记录与计算。由 BM_A 至 BM_B 测段的水准测量外业观测如图 2-20 所示，BM_A 为已知水准点，其高程为 132.715m，BM_B 为待测水准点，观测的记录和计算见表 2-1 普通水准测量记录。

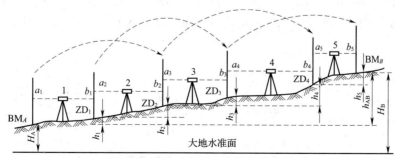

图 2-20 水准测量一个测段的观测

表 2 – 1　普通水准测量记录

测站	点号	后视读数（m）	前视读数（m）	高差（m）	高程（m）	备注
1	BM_A	1.946		0.964	132.715	
	ZD_1	2.034	0.982			
2				0.821		
	ZD_2	2.201	1.213			
3				0.325		BM_A为已知
	ZD_3	1.998	1.876			水准点
4				-0.326		
	ZD_4	1.327	2.324			
5				-1.279		
	BM_B		2.651		133.220	
计算校核	Σ	9.551	9.046	0.505	0.505	
			0.505			

对于记录表中每一页所计算的高差和高程要利用相关公式进行计算检核。

2.3.2　水准测量的内业工作

水准测量外业实测工作结束后，先检查记录手簿，再计算各测段的高差，经检核无误后，绘制观测成果略图，进行水准测量的内业工作。受仪器、观测及外界环境等因素的影响，水准测量的观测总会存在有误差。路线总的误差反映在高差闭合差的值上。水准测量成果计算的目的就是按照一定的原则，把高差闭合差分配到各测段实测高差中去（在数学意义上消除各段测量误差），得到各段改正后的高差，从而推得未知点的高程。

1.　附合水准路线成果计算

按图根水准测量要求施测某附合水准路线，从水准点 BM_A 开始，经过 1、2、3 待测点之后，附合到另一水准点 BM_B 上，各测段高差、测站数、路线长及 XBM_A 和 BM_B 的高程如图 2 – 21 所示，图中箭头表示水准测量进行方向。现以该附合水准路线为例，介绍成果计算步骤。

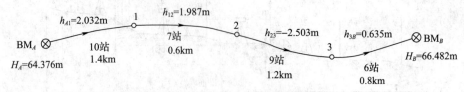

图 2 – 21　附合水准路线略图

（1）计算高差闭合差及其容许值：

$$f_h = \sum h_测 - (H_终 - H_始) = (h_{A1} + h_{12} + h_{23} + h_{3B}) - (H_B - H_A)$$
$$= 2.151 - (66.482 - 64.376) = +0.045 （m）$$

因每千米测站数小于 15 站，所以用平地的公式计算高差闭合差的容许值。该水准路线总长为 4km，故：

$$f_{h容} = \pm 40 \sqrt{4.0} = \pm 80 （mm）$$

$|f_h| < |f_{h容}|$，精度符合要求，可以进行闭合差调整。

（2）调整高差闭合差。根据误差理论，高差闭合差调整的原则和方法是：将闭合差 f_h 以相反的符号，按与测段长度（或测站数）成正比例的原则进行分配，改正到各相应测段的高差上。公式表达为：

按测段长度：

$$V_i = \frac{-f_h}{\sum L} \cdot L_i \qquad (2-27)$$

按测站数：

$$V_i = \frac{-f_h}{\sum n} \cdot n_i \qquad (2-28)$$

式中：V_i——第 i 测段的高差改正数；

　　　　$\sum L$——路线总长度；

　　　　L_i——第 i 测段的长度；

　　　　$\sum n$——路线总站数；

　　　　n_i——第 i 测段的测站数。

各测段实测高差加上相应的改正数，得改正后高差，即：

$$h_{i改} = h_{i测} + V_i \qquad (2-29)$$

式中：$h_{i改}$——第 i 测段改正后高差；

　　　　$h_{i测}$——第 i 测段实测高差。

按上述调整原则，各测段的改正数分别为：

$$V_{A1} = \frac{-f_h}{\sum L} \cdot L_{A1} = \frac{-0.045}{4.0} \times 1.4 = -0.016 （m）$$

$$V_{12} = \frac{-f_h}{\sum L} \cdot L_{12} = \frac{-0.045}{4.0} \times 0.6 = -0.007 （m）$$

$$V_{23} = \frac{-f_h}{\sum L} \cdot L_{23} = \frac{-0.045}{4.0} \times 1.2 = -0.013 （m）$$

$$V_{3B} = \frac{-f_h}{\sum L} \cdot L_{3B} = \frac{-0.045}{4.0} \times 0.8 = -0.009 （m）$$

水准路线各测段的改正数之和应与高差闭合差大小相等、符号相反，计算出改正数后还应进行检核：$\sum V_i = -f_h$。本例中 $\sum V_i = -0.045m = -f_h$。

各测段改正后高差为：

$$h_{A1改} = 2.032 + (-0.016) = 2.016 （m）$$
$$h_{12改} = 1.987 + (-0.007) = 1.980 （m）$$
$$h_{23改} = -2.503 + (-0.013) = -2.516 （m）$$

$$h_{3B改} = 0.635 + （-0.009） = 0.626（\text{m}）$$

改正后各测段高差的代数和应等于路线高差的理论值，即 $\sum h_{改} = -\sum h_{理}$，以此作为检核。本例中 $\sum h_{改} = 2.106\text{m} = H_B - H_A = \sum h_{理}$。

（3）计算各待定点高程。根据起始水准点 BM_A 的高程和各段改正后高差，按顺序逐点推算各待定点高程。

$$H_1 = H_A + H_{A1改} = 64.376 + 2.016 = 66.392（\text{m}）$$
$$H_2 = H_1 + H_{12改} = 66.392 + 1.980 = 68.372（\text{m}）$$
$$H_3 = H_2 + H_{23改} = 68.372 + （-2.516） = 65.856（\text{m}）$$

最后还应推算至终点 BM_B 的高程，进行检核。

$$H_B = H_3 + h_{3B改} = 65.856 + 0.626 = 66.482（\text{m}）$$

推算值与已知值相等，说明计算无误。

上述计算过程最好采用表格形式完成，见表 2-2。

表 2-2　水准测量成果计算表

测段编号	点名	距离（km）	实测高度（m）	改正数（m）	改正后高差（m）	高程（m）	备注
1	BM_A	1.4	2.023	-0.016	2.016	65.376	
2	1	0.6	1.987	-0.007	1.980	66.392	
3	23	1.2	-2.503	-0.013	-2.516	66.372	
4	3	0.8	0.635	-0.009	0.626	68.856	
	BM_B					66.482	
Σ		4.0	2.151	-0.045	2.106		
辅助计算	$f_h = \sum h_{测} - （H_B - H_A） = 2.151 - （66.482 - 64.376） = +0.045（\text{m}）$ $f_{h容} = \pm 40\sqrt{L} = \pm 40\sqrt{4.0} = \pm 80（\text{mm}）$　　　$\|f_h\| < \|f_{h容}\|$，精度合格						

首先按顺序将各点号、测段长度（或测站数）、实测高差及水准点的已知高程填入表 2-2 相应栏内，然后从左到右逐列计算，有关高差闭合差的计算部分填在辅助计算栏。

2. 闭合水准路线成果计算

闭合水准路线成果计算的步骤，与附合水准路线成果计算步骤完全相同。图 2-22 为按图根水准测量要求施测的一闭合水准路线示意略图，其计算结果见表 2-3。

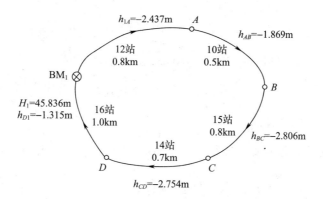

图 2-22 闭合水准路线略图

表 2-3 水准测量成果计算表

测段编号	点名	测站数	实测高度（m）	改正数（m）	改正后高差（m）	高程（m）	备注
1	BM₁	12	−2.437	0.011	−2.426	45.836	
	A					43.550	
2		10	−1.869	0.009	−1.860		
	B					41.370	
3		15	2.806	0.014	2.820		
	C					44.370	
4		14	2.754	0.013	2.767		
	D					47.137	
5		16	−1.315	0.014	−1.301		
	BM₁					45.836	
Σ		67	−0.061	0.061	0		
辅助计算	$f_{h} = \sum h_{测} - \sum h_{库} = \sum h_{测} - 0 = \sum h_{测} = -0.061$ （m） $f_{h容} = \pm 12 \sqrt{n} = \pm 12 \sqrt{67} = \pm 98$ （mm）　　　　　$\mid f_{h} \mid < \mid f_{h容} \mid$						

注：因每1km测站数超过15站，所以用山地的公式计算高差闭合差的容许值，并按式（2-28）计算改正数。

3. 支水准路线成果计算

图 2-23 为按图根水准测量要求施测的一条支水准路线示意略图，已知水准点 A 的高程为 168.412m，往、返测站各为 16 站，其成果计算步骤为：

（1）计算高差闭合差及其容许值：

$$f_{h} = \sum h_{往} + \sum h_{返} = 1.632 + (-1.650) = -0.018 \text{（m）}$$

高差闭合差的容许值：

$$f_{h容} = \pm 12 \sqrt{16} = \pm 48 \text{（mm）}$$

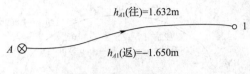

$$h_{A1}(往)=1.632m$$

$$h_{A1}(返)=-1.650m$$

图 2 - 23　支水准路线略图

$\left| f_{\mathrm{h}} \right| < \left| f_{\mathrm{h容}} \right|$，精度合格。

（2）计算改正后高差。支水准路线的往测高差加上 $\dfrac{-f_{\mathrm{h}}}{2}$，为改正后高差，即：

$$H_{A1改} = H_{A1(往)} + \frac{-f_{\mathrm{h}}}{2} = 1.632 + 0.009 = 1.641 \quad （\mathrm{m}）$$

（3）计算待定点高程。待定点 1 的高程为：

$$H_1 = H_A + H_{A1改} = 168.412 + 1.641 = 170.053 \quad （\mathrm{m}）$$

2.4　电子和自动安平水准仪

2.4.1　电子水准仪

电子水准仪的出现为水准测量自动化、数字化开辟了新的途径。电子水准仪利用电子图像处理技术来获得测站高程和距离，并能自动记录，仪器内置测量软件包，功能包括测站高程连续计算、测点高程计算、路线水准平差、高程网平差及断面计算，多次测量平均值及测量精度等。电子水准仪的测量原理、使用方法及特点见表 2 - 4。

表 2 - 4　电子水准仪的测量原理、使用方法及特点

项　　目	内　　容
电子水准仪的测量原理	此仪器利用近代电子工程学原理由传感器识别条形码水准尺上的条形码分划，经信息转换处理获得观测值，并以数字形式显示在显示窗口上或存储在处理器内。仪器带自动安平补偿器，补偿范围为 ±12′。与仪器配套的水准尺为条纹编码尺——玻璃纤维塑料尺或钢尺。与电子水准仪相匹配的分划形式为条纹码。观测时，经自动调焦和自动整平后，水准尺条纹码分划影像映射到分光镜上，并将它分为两部分，一部分是可见光，通过十字丝和目镜，供照准用；另一部分是红外光射向探测器，并将望远镜接收到的光图像信息转换成电影像信号，并传输给信息处理器，与机内原有的关于水准尺的条纹码本源信息进行相关处理，于是就得出水准尺上水平视线处的读数。使用电子水准仪测量既方便又准确，实现了水准测量自动化
电子水准仪的使用方法	1）安置仪器。电子水准仪的安置同光学水准仪； 2）整平。旋动脚螺旋使圆水准盒气泡居中； 3）输入测站参数。输入测站高程； 4）观测。将望远镜对准条纹水准尺，按仪器上的测量键； 5）读数。直接从显示窗中读取高差和高程，此外还可获取距离等其他数据

续表 2 - 4

项　　目	内　　容
电子水准仪的特点	1）读数客观。不存在误差。误记问题，没有人为读数误差； 2）精度高。视线高和视距读数都是采用大量条码分划图像经处理后取平均得出来的，因此削弱了标尺分划误差的影响多数仪器都有进行多次读数取平均的功能，可以削弱外界的影响； 3）速度快。由于省去了报数、听记、现场计算的时间以及人为出错的重测数量，测量时间与传统仪器相比可以节省 1/3 左右； 4）效率高。只需调焦和按键就可以自动读数，减轻了劳动强度。视距还能自动记录，检核，处理并能输入电子计算机进行后处理。可实现内外业一体化

2.4.2　自动安平水准仪

为了提高观测的效率，人们设计出一种可以自动精确安平的水准仪，称为自动安平水准仪。自动安平水准仪由于其操作比较简便，因此在许多方面得到广泛应用。

1. 自动安平水准仪的构造

自动安平水准仪的结构特点是没有管水准器和微倾螺旋，它是在水准仪的视准轴稍微倾斜时通过一个自动补偿装置使视线水平的。如图 2 - 24 所示，为 NAL224 自动安平水准仪，其主要由带补偿器的望远镜、微动装置、圆水准器、基座及度盘等组成。补偿器采用 X 形（中心对称交叉）吊丝结构及空气阻尼器，补偿范围不超过 ±15′。仪器采用摩擦制动，水平微动采用无限微动机构，微动手轮安排在两侧便于操作。仪器上的度盘具有测量角度的功能，其他结构和功能与微倾式水准仪基本相同。

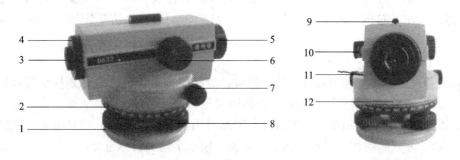

图 2 - 24　自动安平水准仪

1—球面基座；2—盘度；3—目镜；4—目镜罩；5—物镜；6—调焦手轮；7—水平循环微动手轮；
8—脚螺丝手轮；9—光学粗瞄准；10—水泡观测器；11—圆水泡；12—度盘指示牌

2. 自动安平水准仪的测量原理

如图 2 - 25 所示，当视准轴倾斜了一个小角度 α 时，若按视准轴读数则为 a'，显然不是水平视线读数 a；为了使十字丝中丝的读数仍为 a，在望远镜的光路中安置一补偿器，使通过物镜光心的水平视线经补偿器后偏转一个角度 β，仍通过十字丝的交点，即读数仍为 a。

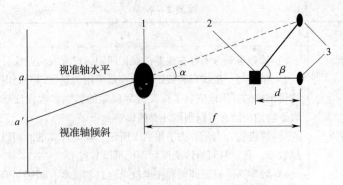

图 2 – 25　自动安平水准仪的测量原理

1—物镜；2—补偿器；3—目镜

为了使补偿器达到补偿的目的，补偿器必须满足的几何条件为：

$$fa = d\beta \tag{2-30}$$

式中：f——物镜到十字丝的距离；

　　　d——补偿器到十字丝的距离。

3．自动安平水准仪的使用

（1）安装三脚架。将三脚架置于测点上方，三个脚尖大致等距，同时要注意三脚架的张角和高度要适宜，且应保持架面尽量水平，顺时针转动脚架下端的翼形手把，可将伸缩腿固定在适当的位置。

脚尖要牢固地插入地面，要保持三脚架在测量过程中稳定可靠。

（2）仪器安装。仪器小心地放在三脚架上，并用中心螺旋手把将仪器可靠紧固。

（3）仪器整平。旋转三个脚螺旋使圆水准器气泡居中。可按下述过程操作：转动望远镜，使视准轴平行（或垂直）于任意两个脚螺旋的连线，然后以相反方向同时旋转该两个脚螺旋，使气泡移至两螺旋的中心线上，最后转动第三个脚螺旋使圆水准器气泡居中。

（4）瞄准标尺。

1）调节视度。使望远镜对着亮处，逆时针旋转望远目镜，这时分划板变得模糊，然后慢慢顺时针转动望远镜，使分划板变得清晰可见时停止转动。

2）用光学粗瞄准器粗略地瞄准目标。瞄准时用双眼同时观测，一只眼睛注视瞄准口内的十字丝，一只眼睛注视目标，转动望远镜，使十字丝和目标重合。

3）调焦后，用望远镜精确瞄准目标。拧紧制动手轮，转动望远镜调焦手轮，使目标清晰地成像在分划板上。这时眼睛作上、下、左、右的移动，目标像与分划板刻线应无任何相对位移，即无视差存在。然后转动微动手轮，使望远镜精确瞄准目标。

此时，警告指示窗应全部呈绿色，方可进行标尺读数。

4．自动安平水准仪的注意事项

1）仪器安置在三脚架上时，必须用中心螺旋手把将仪器固紧，三脚架应安放稳固。

2）仪器在工作时，应尽量避免阳光直接照射。

3）若仪器长期未经使用，在测量前应检查一下补偿器是否失灵，可转动脚螺旋，如警告指示窗两端能分别出现红色，反转脚螺旋时窗口内红色能够消除并出现绿色，说明补偿器摆动灵活，阻尼器无卡死，可进行测量。

4）观测过程中应随时注意望远镜视场中的警告颜色，小窗中呈绿色时表明自动补偿器处于补偿工作范围内，可以进行测量。任意一端出现红色时都应重新安平仪器后再进行观测。

5）测量结束后，用软毛刷拂去仪器上的灰尘，望远镜的光学零件表面不得用手或硬物直接触碰，以防油污或擦伤。

6）仪器使用过后应放入仪器箱内，并保存在干燥通风的房间内。

7）仪器在长途运输过程中，应使用外包装箱，并应采取防震防潮措施。

5. 自动安平水准仪与微倾式水准仪的区别

1）自动安平水准仪的机械部分采用了摩擦制动（无制动螺旋）控制望远镜的转动。

2）自动安平水准仪的在望远镜光学系统中装有一个自动补偿器代替了管水准器，起到了自动安平的作用。当望远镜视线有微量倾斜时，补偿器在重力作用下对望远镜作相对移动，从而能自动而迅速地获得视线水平时的标尺读数。

自动安平水准仪由于没有制动螺旋、管水准器和微倾螺旋，在观测时候，在仪器粗略整平后，即可直接在水准尺上进行读数，因此自动安平水准仪的优点是省略了"精平"过程，从而大大加快了测量速度。

2.5 水准仪的检验与校正

水准仪必须提供一条水平视线。其主要轴线之间的几何关系如图 2-26 所示，水准仪应满足下列条件：

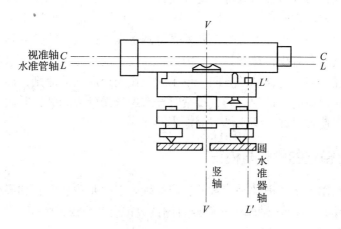

图 2-26 水准仪的轴线关系

1）圆水准器轴平行于仪器的竖轴，即 $L'L' /\!/ VV$。

2）十字丝横丝垂直于竖轴 VV。

3）水准管轴平行于视准轴，即 $LL /\!/ CC$。

在水准测量之前，必须对上述多项条件进行检验校正，使仪器各轴线满足上述关系。

2.5.1　圆水准器轴的检验与校正

1. 检验原理

圆水准器是用来粗略整平水准仪的，如果圆水准轴 $L'L'$ 与仪器竖轴 VV 不平行，则圆水准器气泡居中时，仪器竖轴不在竖直位置。若竖轴倾斜过大，可能导致转动微倾螺旋到了极限位置还不能使水准管气泡居中。

若圆水准轴与竖轴平行，则气泡居中后，竖轴处于铅垂位置，仪器旋转至任何位置，圆气泡也必然居中。

2. 检验方法

安置仪器后，先调脚螺旋使圆水准器的气泡居中，然后将望远镜旋转180°，若气泡仍然居中，说明条件满足。如果气泡偏离中央位置，需校正。

3. 校正方法

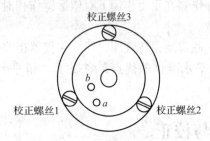

图 2 − 27　圆水准器的校正

如图 2 − 27 所示，设望远镜旋转180°后，气泡不在中心而在 a 位置，这表示校正螺丝 1 的一侧偏高。校正时，转动脚螺旋使气泡从 a 位置朝圆水准器中心方向移动偏离值的一半，到图标 b 的位置，这时仪器竖轴基本处于竖直位置，然后拨动 3 个校正螺丝使气泡居中。但应反复检验和校正，直至仪器转至任何位置，气泡始终居中为止。

由于校正螺丝装置的不同，校正螺丝旋进旋出的作用也不同。如图 2 − 28（a）所示，圆水准器在底部由一小圆珠支承在外壳上，3 个校正螺丝穿过外壳底板与圆水准器底部的螺孔连接。如将某颗校正螺丝旋进，则该侧的圆水准器降低，气泡向相反方向移动。如图 2 − 28（b）所示，圆水准器底部由一固定螺丝与金属外壳连接，而 3 颗校正螺丝穿过金属外壳将圆水准器顶住，旋进某颗校正螺丝，就将圆水准器顶高，气泡向着校正螺丝移动。因此，在校正前首先应了解圆水准器和校正螺丝之间的关系，才能掌握气泡移动的方向。校正时应按先松后紧的原则，即要旋紧—校正螺丝，必先略松其相对应的—螺丝，防止旋紧时导致螺丝滑丝或断裂；其次，校正完毕，应拧紧各校正螺丝，使校正好的圆水准器固定不动。

2.5.2　十字丝横丝的检验与校正

水准测量是利用十字丝横丝来读数的，当竖轴处于铅垂位置时，如果横丝不水平，如图 2 − 28（a）所示，这时按横丝的左侧或右侧读数都会产生误差。

1. 检验原理

当仪器竖轴处于铅垂位置时，如果十字丝横丝垂直于竖轴，横丝必成水平。这样，当望远镜绕竖轴旋转时，横丝上任何部分始终在同一水平面内。

若产生图 2 − 28（b）中的情况，则需校正。此外，也可采用挂垂球的方法进行检验，即将仪器整平后，观察十字丝竖丝是否与垂球线重合，如不重合，则需校正。

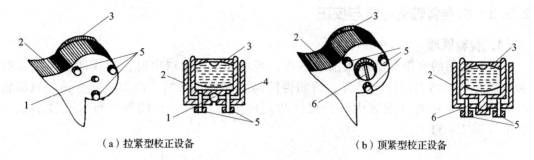

（a）拉紧型校正设备　　　　　　　　　（b）顶紧型校正设备

图2-28　圆水准器的校正设备

1—圆珠；2—外壳；3—圆水准器；4—螺孔；5—校正螺丝；6—固定螺丝

2．检验方法

整平仪器后，将十字丝横丝的一端瞄准一明显点，如图2-29（a）中的 A 点，固定制动螺旋，转动微动螺旋。如果 A 点始终在横丝上移动，则表示条件满足；如果 A 点偏离横丝［图2-29（b）］，则需进行校正。

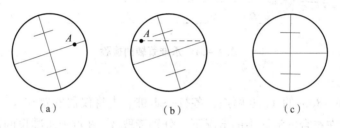

（a）　　　　　　　　（b）　　　　　　　　（c）

图2-29　十字丝横丝的检验

3．校正方法

校正设备有两种形式，图2-30（a）为拧开目镜护盖后的情况，这时松开十字丝分划板座4颗固定螺丝，轻轻转动分划板，使横丝水平，然后拧紧4颗螺丝，盖好护盖。另一种如图2-30（b）所示，在目镜端镜筒上有3颗固定十字丝分划板座的埋头螺丝，校正时松开其中任意两颗，轻轻转动分划板座，使横丝水平，再将埋头螺丝拧紧。

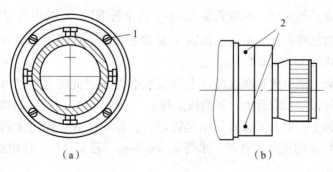

（a）　　　　　　　　　　（b）

图2-30　十字丝分划板校正设备

1—固定螺丝；2—分划板座埋头螺丝

2.5.3　水准管轴的检验与校正

1. 检验原理

如果仪器的水准管轴和视准轴平行，当水准管气泡居中时，视线即水平。这时水准仪安置在两点间任何位置，所测得的高差都是正确的。假如水准管轴与视准轴不平行，当水准管气泡居中时，视线却是向上（或向下）倾斜，与水准轴形成一小角（图 2 - 31）。

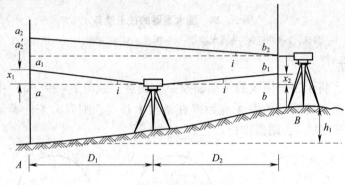

图 2 - 31　水准管轴的检验

2. 检验方法

选距离约 $60 \sim 80m$ 的 A、B 两点，各打一木桩。先将仪器安置在 AB 线段的中点，如图 2 - 31 所示，在符合气泡居中的情况下，分别读取 A、B 点上水准尺的读数 a_1 和 b_1，求得高差 $h_1 = a_1 - b_1$。这时即使水准管轴与视准轴不平行有一夹角 i，视线是倾斜的，由于仪器到两水准尺的距离相等，误差也相等，即 $x_1 = x_2$（$D_1 \tan i = D_2 \tan i$），因此求得的高差 h_1 还是正确的。然后将仪器搬至 B 点附近（相距 2m 左右），在符合气泡居中的情况下，对远尺 A 和近尺 B，分别读得读数 a_2 和 b_2，求得第二次高差 $h_2 = a_2 - b_2$。若 $h_2 = h_1$，说明仪器的水准管轴平行于视准轴，无须校正；若 $h_2 \neq h_1$，则水准管轴不平行于视准轴，需要校正。

3. 校正方法

仪器安置于 B 点附近时，水准管轴 LL 不平行于视准轴 CC 的误差对近尺 B 的读数 b_2 的影响很小，可以忽略不计，而远尺读数 a_2 则含有误差。在校正前应算出远尺的正确读数 a_2'，从图 2 - 31 可知：$a_2' = h_1 + b_2$。

转动微倾螺旋，使中丝对准远尺 A 上的读数恰为 a_2'，此时视线已水平，而符合气泡不居中，用校正针拨动水准管上、下两校正螺丝（图 2 - 32），使气泡居中，这时水准管轴就平行于视准轴了。但为了检查校正是否完善，必须在 B 点附近重新安置仪器，分别读取远尺 A 及近尺 B 的读数 a_3 和 b_3，求得 $h_3 = a_3 - b_3$，若 $h_3 \neq h_1$，且相差在 3mm 以内时，表明已校正好。

水准管的校正螺丝有上下左右共 4 个（图 2 - 32）。校正时，先稍微松开左右两个中的任一个，然后利用上下两螺丝进行校正。松上紧下，则把该处水准管支柱升高，气泡向目镜方向移动；松下紧上，则把水准管支柱降低，气泡向相反方向移动。校正时，也应遵守先松后紧的原则。校正要细心，用力不能过猛，所用校正针的粗细要与校正孔的大小相适应，否则容易损坏仪器。校正完毕，应使各校正螺丝与水准管的支柱处于顶紧状态。

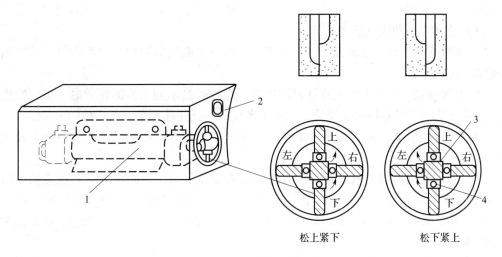

图 2 – 32 水准管的校正
1—水准管；2—气泡观察窗；3—水准管支柱；4—校正螺丝

2.6 水准测量误差分析

2.6.1 误差来源

1. 仪器工具误差

（1）仪器误差。误差主要是指水准管轴不平行于视准轴的误差。仪器虽经检验与校正，但不可能校正得十分完善，总会留下一定的残余误差。

（2）水准尺误差。由于水准尺的长度不准、尺底零点和尺面刻划有误差及尺子弯曲变形等原因，都会给水准测量读数带来误差。

2. 操作误差

（1）整平误差。水准测量是利用水平视线来测定高差的，而影响视线水平的原因有二：一是水准管气泡居中误差，二是水准管气泡未居中误差。

（2）读数误差。读数误差与望远镜的放大倍率、观测者的视觉能力、仪器距尺子的距离等因素有关。

（3）视差误差。在水准测量中，视差的影响会给观测结果带来较大的误差。

3. 外界条件的影响

（1）仪器和尺垫下沉。

1）仪器下沉。由于土壤的弹性及仪器的自重，在观测过程中可能引起仪器下沉。如果仪器随时间均匀下沉，所测高差的误差就可得到有效的削弱。

2）尺垫下沉。与仪器下沉情况相类似。如转站时尺垫下沉，使所测高差增大，如上升则使高差减小。

（2）水准尺倾斜。如果尺子没有竖直，无论向前倾或向后倾，总是使尺上读数增大。而且视线越高，误差越大。当尺子倾斜2°、在水准尺上2m处读数，将会产生1mm的读数误差。

（3）地球曲率和大气折光。

1）地球曲率。大地水准面是一个曲面，只有当水准仪的视线与之平行时，才能测出两点间的真正高差。

2）大气折光。地面上空气存在密度梯度，光纤通过不同密度的媒质时，将会发生折射，而且总是由疏媒质折向密媒质，因而水准仪的视线往往不是一条理想的水平线。

（4）风力的影响。在水准测量作业中，风力对气泡居中和立尺竖直都会产生较大影响。

（5）温度对仪器的影响。温度会引起仪器的部件涨缩，从而可能引起视准轴的构件（物镜，十字丝和调焦镜）相对位置的变化，或者引起视准轴相对与水准管轴位置的变化。由于光学测量仪器是精密仪器，不大的位移量可能使轴线产生几秒偏差，从而使测量结果的误差增大。

不均匀的温度对仪器的性能影响尤其大。如从前方或后方日光照射水准管，就能使气泡"趋向太阳"——水准管轴的零位置改变了。

2.6.2 误差校正

1. 仪器误差

（1）仪器校正后的残余误差。这项误差属于系统误差。在水准测量时，只要将仪器安置在距前、后视距尺距离相等的位置，就可消除或减弱此项误差的影响。

（2）水准尺误差。水准尺在使用之前必须进行检验。此外，由于水准尺长期使用导致尺底端零点磨损，或者是水准尺的底端粘上泥土改变了水准尺的零点位置，则可以在一水准测段中把两支水准尺交替作为前后视读数，或者测量偶数站来消除。

2. 观测误差

（1）水准管气泡居中误差。设水准管分划值为τ''，居中误差一般为$\pm 0.15\tau''$，采用符合式水准器时，气泡居中精度可提高一倍。

（2）读数误差。在水准尺上估读毫米数的误差，与人眼的分辨能力、望远镜的放大倍率以及视线长度有关。

（3）视差影响。在观测前，必须反复调节目镜和物镜对光螺旋，以消除视差。

3. 外界条件的影响

（1）仪器下沉。由于仪器下沉，使视线降低，从而引起高差误差。采用"后、前、前、后"的观测程序，可减弱其影响。

（2）尺垫下沉。如果在转点发生尺垫下沉，将使下一站后视读数增大。采用往返观测，取平均值的方法可以减弱其影响。

（3）地球曲率的影响。只要将仪器安置于前、后视等距离处，就可消除地球曲率的影响。

（4）大气折光的影响。将仪器置于前、后视等距离处，可消除大气折光的影响。

（5）温度对仪器的影响。温度的变化不仅引起大气折光的变化，而且当烈日照射水准管时，由于水准管本身和管内液体温度升高，气泡向着温度高的方向移动，影响仪器水平，产生气泡居中误差，观测时应注意撑伞遮阳。

3 ▎角 度 测 量

3.1 角度测量原理

3.1.1 水平角的测量原理

1. 水平角的概念

水平角是指地面上一点到两个目标点的方向线垂直投影到水平面上形成的夹角，通常用 β 表示，取值范围为 $0 \sim 360°$。如图 3－1 所示，在地面上有高程不同的三点 O、A、B，倾斜线 OA 和 OB 所夹的角 $\angle AOB$ 是倾斜面上的角。将 O、A、B 三点分别沿铅垂线方向投影到水平面上，得 O_1、A_1、B_1 三点，则 $\angle A_1 O_1 B_1$ 即为倾斜线 OA 与 OB 所夹的水平角。

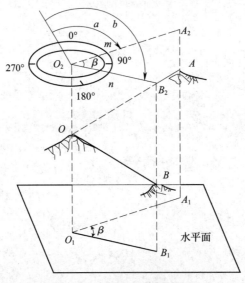

图 3－1　水平角及其测量原理

2. 水平角测量原理

如图 3－1 所示，为了能测出水平角 β，可设想在角顶 O 点的铅垂线上，水平地放置一个带有顺时针刻划的圆盘，并使圆盘中心在此铅垂线上，这时倾斜线 OA 和 OB 分别沿铅垂线向上投影到水平圆盘上，得直线 $O_2 A_2$、$O_2 B_2$，且分别与圆盘相交于 m、n 点，若能读出这两点在圆盘上的读数 a 和 b，则两读数之差即为所测水平角：

$$\beta = b - a \qquad\qquad (3-1)$$

3.1.2 竖直角的测量原理

1. 竖直角的概念

在同一竖直面内，瞄准目标的倾斜视线与水平线的夹角称为竖直角（也叫垂直角），

通常用 θ 表示。倾斜视线在水平线之上的称为仰角，其取值为 " + "；斜视线在水平线之下的称为俯角，其取值为 " – "。竖直角的取值范围为 $-90° \sim 90°$。如图 3 – 2 所示，视线 OA 的竖直角为 $+15°20'12''$，视线 OB 的竖直角为 $-18°09'36''$。

　　从天顶方向到某一视线方向的夹角，称为天顶角，也叫天顶距，用 Z 表示，其取值范围为 $0° \sim 180°$。如图 3 – 2 所示，视线 OA 的天顶角为 $74°39'48''$。

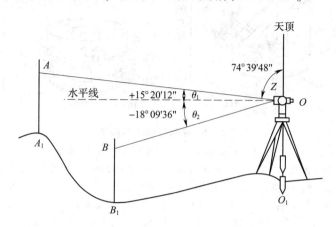

图 3 – 2　竖直角及其测量原理

同一目标的竖直角和天顶角的关系为：

$$\theta = 90° - Z \tag{3 – 2}$$

2. 竖直角测量原理

　　为了能测出竖直角 θ，所用仪器必须有一个带刻划的竖直圆盘，在同一竖直面内，从仪器中心到瞄准目标的倾斜视线与水平线在竖直圆盘上各有一个读数，这两个读数之差即为竖直角 θ。

　　由水平角和竖直角测量原理可知，用于测量水平角和竖直角的仪器必须具有两个带有刻划的圆盘，一个能置于水平位置，且圆盘中心能安置于角顶点的铅垂线上；另一个位于竖直方向，还必须有一套能准确瞄准目标且能够精确读取度盘读数的装置。经纬仪就是基于上述原理设计制造的一种测角仪器。

3.2　光学经纬仪的构造与使用

3.2.1　光学经纬仪的构造

1. DJ$_6$ 级光学经纬仪的构造

　　光学经纬仪是现代测角度经常使用的仪器，工程上常用的为 DJ$_6$ 型。

　　图 3 – 3 为国产 DJ$_6$ 型光学经纬仪的构造图。这种仪器体积小、重量轻、精度高、密封性好、使用方便。仪器主要由三部分组成。

　　（1）照准部。主要有望远镜物镜（1）、竖直度盘（简称竖盘）（8）、水准管（17）、圆水准器（18）和竖直轴（14）等部件构成。

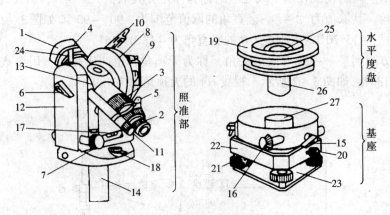

图 3 – 3　光学经纬仪的构造

1—望远镜物镜；2—望远镜目镜；3—望远镜调焦环；4—准星；5—照门；
6—望远镜固定扳手；7—望远镜微动螺旋；8—竖直度盘；9—竖盘指标水准管；
10—竖盘水准管反光镜；11—读数显微镜目镜；12—支架；13—水平轴；
14—竖直轴；15—照准部制动扳手；16—照准部微动螺旋；17—水准管；
18—圆水准器；19—水平度盘；20—轴套固定螺旋；21—脚螺旋；
22—基座；23—三角形底板；24—罗盘插座；25—度盘轴套；
26—外轴；27—度盘旋转轴套

望远镜可绕它的水平轴（13）做竖直方向旋转，以观测高度不同的测点。使用望远镜固定扳手（6）和微动螺旋（7），可控制望远镜的俯仰旋转。整个照准部又可绕竖轴做水平转动，用照准部水平制动扳手（15）和微动螺旋（16）（安装在下部基座上），便可控制照准部水平旋转。望远镜俯仰旋转的竖直角，由竖盘（8）测出。和水准仪一样，照准部装置的水准管（17）和圆水准器（18）供整平经纬仪之用。

（2）度盘。水平度盘（19）和竖直度盘（8）均采用光学玻璃刻制而成。水平度盘按顺时针方向，自0°到360°精密刻画，用作测量水平角之用。两种度盘均密封在仪器的外壳内加以保护。

（3）基座。主要由基座（22）、三支脚螺旋（21）和三角形底板（23）组成，与水准仪的基座基本相同。

光学经纬仪的三个主要组成部分，用照准部竖直轴（14），穿过水平度盘中心的外轴（26），插入度盘轴套（25）内，可单独旋转。拧紧轴套固定螺旋（20），可将上述三部分连接在一起。

注意轴套固定螺旋，在测量过程中绝不可将它松动，否则搬站时照准部、度盘可能与基座分离，坠落地面摔坏仪器，测量人员必须牢记。

2. DJ$_2$级光学经纬仪的构造

DJ$_2$级光学经纬仪（见图3 – 4）与DJ$_6$级光学经纬仪构造基本相同，并具有以下特点：

1）DJ$_2$级光学经纬仪，在读数显微镜中不能同时看到水平盘与竖盘的刻度影像，而是通过支架旁的度盘换像手轮来实现的，即利用该手轮可变换读数显微镜中水平度盘与竖直

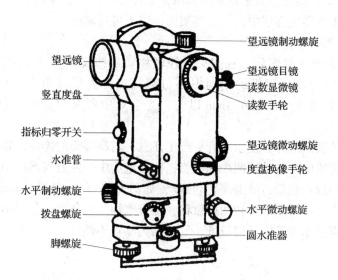

图 3-4 DJ₂ 级光学经纬仪（TDJ₂ 型）

度盘的影像。当换像手轮端面上的指示线水平时，显示水平盘影像，当指示线成竖直时，即可显示竖直度盘影像。

2）DJ₂ 级光学经纬仪采用对径刻度符合读数装置，可直接读出度盘对径刻度读数的平均值，所以消除了度盘偏心差的因素影响。

3.2.2 光学经纬仪的使用

1. 安置仪器

安置仪器是将经纬仪安置在测站点上，包括对中和整平两项内容。对中的目的是使仪器中心与测站点标志中心位于同一铅垂线上；整平的目的是使仪器竖轴处于铅垂位置，水平度盘处于水平位置。

安置仪器可按初步对中整平和精确对中整平两步进行。

1）初步对中整平用锤球对中时，其操作方法如下：

①将三脚架调整到合适高度，张开三脚架安置在测站点上方，在脚架的连接螺旋上挂上锤球，若锤球尖离标志中心太远，可固定一脚移动另外两脚，或将三脚架整体平移，使锤球尖大致对准测站点标志中心，并注意使架头大致水平，然后将三脚架的脚尖踩入土中。

②将经纬仪从箱中取出，用连接螺旋将经纬仪安装在三脚架上。调整脚螺旋，使圆水准器气泡居中。

③若锤球尖偏离测站点标志中心，可旋松连接螺旋，在架头上移动经纬仪，使锤球尖精确对中测站点标志中心，然后旋紧连接螺旋。

用光学对中器对中时，其操作方法如下：

a. 使架头大致对中和水平，连接经纬仪；调节光学对中器的目镜和物镜对光螺旋，使光学对中器的分划板小圆圈和测站点标志的影像清晰。

b. 转动脚螺旋，使光学对中器对准测站标志中心，此时圆水准器气泡偏离，伸缩三脚架架腿，使圆水准器气泡居中，注意脚架尖位置不可移动。

2）精确对中整平。

①对中时先旋松连接螺旋，在架头上轻轻移动经纬仪，使锤球尖精确对中测站点标志中心，或使对中器分划板的刻划中心与测站点标志影像重合；然后旋紧连接螺旋。锤球对中误差通常可控制在 3mm 以内，光学对中器对中误差一般可控制在 1mm 以内。

②整平：先转动照准部，使水准管平行于任意一对脚螺旋的连线，如图 3-5（a）所示，两手同时向内或向外转动这两个脚螺旋，使气泡居中、注意气泡移动方向始终与左手大拇指移动方向一致；然后将照准部转动 90°，如图 3-5（b）所示，转动第三个脚螺旋，使水准管气泡居中。再将照准部转回原位置，检查气泡是否居中，如果不居中，按照上述步骤反复进行，直至水准管在任何位置，气泡偏离零点不超过一格为止。

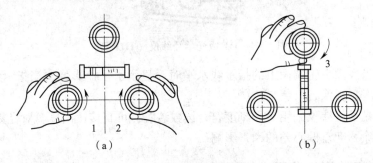

图 3-5　经纬仪的整平

对中和整平，一般都需要经过几次"整平—对中—整平"的循环过程，直至整平和对中均符合要求。

2. 瞄准操作

1）松开望远镜制动螺旋和照准部制动螺旋，将望远镜朝向明亮背景，调节目镜对光螺旋，使十字丝清晰。

2）利用望远镜上的照门和准星粗略对准目标，拧紧照准部及望远镜制动螺旋；调节物镜对光螺旋，使目标影像清晰，并注意消除视差。

3）转动照准部和望远镜微动螺旋，精确瞄准目标。测量水平角时，应用十字丝交点附近的竖丝瞄准目标底部，如图 3-6 所示。

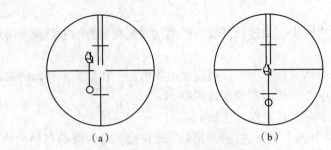

（a）　　　　　　　　　　　　（b）

图 3-6　瞄准

3. 读数

1）打开反光镜，调节反光镜镜面位置，使读数窗亮度适中。

2）转动读数显微镜目镜对光螺旋，使度盘、测微尺及指标线的影像清晰。

3）根据仪器的读数设备，按经纬仪读数方法进行读数。

3.2.3 光学经纬仪的读数方法

光学经纬仪的水平度盘和竖直度盘的度盘分划线通过一系列的棱镜和透镜，成像于望远镜旁的读数显微镜内。观测者通过显微镜读取度盘读数。

1. DJ$_6$级光学经纬仪的读数

DJ$_6$型经纬仪，常用的有分微尺测微器和单平板玻璃测微器两种读数方法。

（1）分微尺测微器及读数方法。分微尺测微器的结构简单，读数方便，具有一定的读数精度，故广泛用于 DJ$_6$型光学经纬仪。从这种类型经纬仪的读数显微镜中可以看到两个读数窗，注有 "⊥"（或 "V"）的是竖盘读数窗，注有 "—"（或 "H"）的是水平度盘读数窗。两个读数窗上都有一个分成 60 小格的分微尺，其长度等于度盘间隔 1°的两分划线之间的影像宽度，因此 1 小格的分划值为 1′，可估读到 0.1′。

读数时，先读出位于分微尺 60 小格区间的度盘分划线的度数，再以度盘分划线为指标，在分微尺上读取不足 1°的分数，并估读秒数（秒数只能是 6 的倍数）。在图 3 - 7 中，水平度盘的读数为 156°03′42″，竖直度盘读数为 79°58′30″。

（2）单平板玻璃测微器及读数方法。单平板玻璃测微器主要由平板玻璃、测微尺、连接机构和测微轮组成。转动测微轮，单平板玻璃与测微尺绕轴同步转动。当平板玻璃底面垂直于光线时，如图 3 - 8（a）所示，读数窗中双指标线的读数是 92° + α，测微尺上单指标线读数为 15′。转动测微轮，使平板玻璃倾斜一个角度，光线通过平板玻璃后发生平移，如图 3 - 8（b）所示，当 92°分划线移到正好被夹在双指标线中间时，可以从测微尺上读出移动之后的读数为 17′28″。

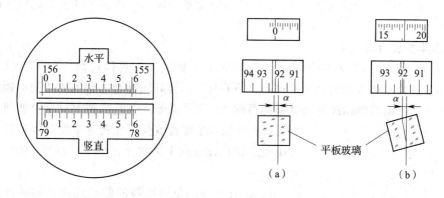

图 3 - 7　分微尺测微器读数　　图 3 - 8　单平板玻璃测微器读数

2. DJ$_2$级光学经纬仪的读数

DJ$_2$级光学经纬仪多采用移动光楔对径刻度符合读数装置进行读数。外部光线射入仪器后，在经过一系列棱镜和透镜的作用，将度盘上直径两侧刻度同时反映到读数显微镜的中间窗口，呈方格状。当读数手轮转动时，呈上下两部分的对径刻度的影像将做相对移动，当上下刻度像精确重合时才能读数，如图3－9所示。顶上的窗口为应读的度数，读左边的度数。下凸框内是以10′为单位应读的分数，最下面是测微尺，测微尺最上面一行注记为分，第2行注记为秒，整10″一注。测微尺上每小格代表1″，可估读至0.1″。图3－9中，上窗口读数为169°20′，加上测微尺的3′45″，那么全部的读数为169°23′45″。

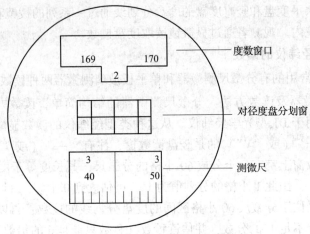

图3－9　DJ₂型光学经纬仪读数窗

3.3　水平角的测量

3.3.1　测回法观测水平角

测回法适用于观测只有两个方向的单角。如图3－10所示，预测 OA、OB 两方向之间的水平角，在角顶 O 安置仪器，在 A、B 处各设立观测标志，可按下列步骤观测（以第一测回为例）。

1. 上半测回（盘左）

1）在 O 点处将仪器对中整平后，先以盘左（竖盘在望远镜视线方向的左侧时称盘左）利用望远镜上的粗瞄器，粗略照准左方目标 A；旋紧照准部及望远镜的制动螺旋，再用照准部及望远镜的微动螺旋精确照准目标 A，同时需要注意消除视差及尽可能照准目标

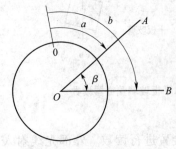

图3－10　测回法基本原理

的底部；利用水平度盘变换手轮将水平度盘读数置于稍大于0°处，读取该方向上的水平读数 $a_左$（0°12′00″），记入表3－1中。

2）松开照准部及望远镜的制动螺旋，顺时针方向转动照准部，粗略照准右方目标 B，再旋紧两制动螺旋，用两微动螺旋精确照准目标 B，并读取该方向上算水平度盘读数 $b_左$（91°45′00″），记入表3－1中。盘左所得角值 $\beta_左 = b_左 - a_左$。

表 3 – 1　测回法观测手簿

测站	测点	盘位	水平度盘读数（°′″）	半测回水平角值（°′″）	一测回角值（°′″）	各测回平均角值（°′″）	备　　注
1	2	3	4	5	6	7	8
O	A	左	0　12　00	91　33　00	91　33　08	91　33　06	
	B		91　45　00				
	A	右	271　45　06	91　33　16			
	B		180　11　50				
	A	左	90　06　12	91　33　06	91　33　03		
	B		181　39　18				
	A	右	1　39　06	91　33　00			
	B		270　06　06				

以上称为上半测回或盘左半测回。

2．下半测回（盘右）

1）将望远镜纵转 180°，改为盘右。重新照准右方目标 B，并读取水平度盘读数 $b_右$（271°45′06″），记入表 3 – 1 中。

2）顺时针或逆时针方向转动照准部，照准左方目标 A，读取水平度盘读数 $a_右$（180°11′50″），盘右所得角值 $\beta_右 = b_右 - a_右$。

以上称为下半测回或盘右半测回。两个半测回角值之差不超过规定限值时，取盘左盘右所得角值的平均值 $\beta = (\beta_左 + \beta_右)$，即为一测回的角值。根据测角精度的要求，可以测多个测回而取其平均值，作为最后成果。观测结果应及时记入手簿，并进行计算。手簿的格式如表 3 – 1 所示。

上、下半测回合称为一个测回。上、下两个半测回所得角值差，应满足有关测量规范规定的限差，对于 DJ_6 级经纬仪，限差一般为 40″。如果超限，必须重测，如果重测的两半测回角值之差仍然超限，但两次的平均角值十分接近，说明这是由于仪器误差造成的。取盘左盘右角值的平均值时，仪器误差可以得到抵消，所以，各测回所得的平均角值是正确的。

注意：计算角值时始终应以右边方向的读数减去左边方向的读数，如果右方向读数小于左方向读数，右方向读数应先加 360° 后再减左方向读数。

若水平角需观测多个测回时，为了减少度盘刻度不均匀的误差，每个测回的起始方向都要改变度盘的位置，应按其测回数 n 将水平度盘读数改变 $180°/n$，再开始下一个测回的观测。如欲测两个测回，第一个测回时，水平度盘起始读数配置在稍大于 0° 处，第二个测回开始时配置读数在稍大于 90° 处。

3.3.2　方向观测法观测水平角

方向观测法又称全圆测回法。测回法适用两个方向观测。而当在一个测站上需观测 3

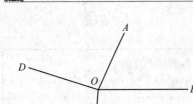

图 3-11　方向观测法基本原理

个或 3 个以上方向时，通常采用方向观测法（两个方向也可采用）。它的直接观测结果是各个方向相对于起始方向的水平角值，也称为方向值。相邻方向的方向值之差就是各相邻方向间的水平角值。

如图 3-11 所示，设在 O 点有 OA、OB、OC、OD 四个方向，操作步骤如下：

1. 上半测回

1）在 O 点安置好仪器，先盘左瞄准起始方向 A 点，设置水平度盘读数，稍大于 0°，读数并记录记入表 3-2 中。

2）以顺时针方向依次瞄准 B、C、D 各点，分别读取各读数，最后再瞄准 A 读数，称为归零。以上读数均记入表 3-2 第 3 栏，两次瞄准起始方向 A 的读数差称为归零差。

2. 下半测回

1）倒转望远镜改为盘右，瞄准起始方向 A 点，读取水平度盘读数，记入表 3-2 中。

2）以逆时针方向依次照准 D、C、B、A，分别读取水平度盘读数记入表中，下半测回各读数记入表 3-2 第 4 栏。

以上分别为上、下半测回，构成一个测回。

3. 测站计算

（1）半测回归零差计算。计算表 3-2 第 3 栏和第 4 栏中起始方向 A 的两次读数之差，即半测回归零差，看其是否符合规范规定要求。

（2）两倍视准差 $2c$。同一方向上盘左盘右读数之差 $2c$ = 盘左读数 - （盘右读数 ±180°）。规范只规定了 $2c$ 值变化范围的限值，对于 DJ$_6$ 未做具体规定。

（3）计算各方向平均读数。平均读数 = 1/2［盘左读数 + （盘右读数 ±180°）］，将计算结果填入表 3-2 第 6 栏。

表 3-2　方向法观测手簿

测站	测点	水平盘读数		2c	平均读数 (° ′ ″)	归零后方向值 (° ′ ″)	各测回归零后方向值的平均值 (° ′ ″)	备注
		盘左 (° ′ ″)	盘右 (° ′ ″)					
1	2	3	4	5	6	7	8	9
					(00　15　03)			
O	A	00　15　00	180　15　12	-12	00　15　06	0　00　03	0　00　01	
	C	41　51　54	221　52　00	-6	41　51　57	41　36　54	41　36　51	
	C	111　43　18	291　43　30	-12	111　43　24	111　28　21	111　28　15	
	D	253　36　06	73　36　12	-6	253　36　09	253　21　06	253　21　03	
	A	00　14　54	180　15　06	-12	00　15　00			

续表 3 - 2

| 测站 | 测点 | 水平盘读数 | | 2c | 平均读数
(° ′ ″) | 归零后方向
值 (° ′ ″) | 各测回归零后方
向值的平均值
(° ′ ″) | 备注 |
		盘左 (° ′ ″)	盘右 (° ′ ″)					
O	A	90 03 30	270 03 36	-6	(90 03 33)			
	C	131 40 18	311 40 24	-6	90 03 33	0 00 00		
	C	201 31 36	21 31 48	-12	131 40 21	41 36 48		
	D	343 24 30	163 24 36	-6	201 31 42	111 28 09		
	A	90 03 30	270 03 36	-6	343 24 33	253 21 00		
					90 03 33			

（4）计算归零后的方向值。将各方向的平均读数减去括号内起始方向的平均读数后得各方向归零后方向值，填入表 3 - 2 第 7 栏。

（5）计算各测回归零后方向值的平均值。各测回归零后同一方向值之差符合规范要求后，取其平均值作为该方向最后结果，填入表 3 - 2 第 8 栏。

（6）计算各方向间的水平角值。将表 3 - 2 第 8 栏中相邻两方向值相减即得水平角值。

为避免错误及保证测角的精度，对以上各部分的计算的限差，规范规定如表 3 - 3 所示。

表 3 - 3 方向观测法技术要求

仪器型号	光学测微器两次 重合读数之差 (″)	半侧回归零差 (″)	各测回同方向 2c 值互差 (″)	各测回同一 方向值互差 (″)
DJ₂	3	8	13	10
DJ₆	—	18	—	24

3.3.3 水平角测量的注意事项

1）仪器高度要和观测者的身高相适应；三脚架要踩实，仪器与脚架连接要牢固，操作仪器时不要用手扶三脚架；转动照准部和望远镜之前，应先松开制动螺旋，使用各种螺旋时用力要轻。

2）精确对中，尤其是对短边测角，对中要求应更严格。

3）当观测目标间高低相差较大时，更应注意仪器整平。

4）照准标志要竖直，尽可能用十字丝交点瞄准标杆或测钎底部。

5）记录要清楚，应当场计算，发现错误，立即重测。

6）测回水平角观测过程中，不得再调整照准部管水准气泡，如气泡偏离中央超过 2 格时，应重新整平与对中仪器，重新观测。

3.4 竖直角的测量

3.4.1 经纬仪的竖直度盘

光学经纬仪的竖直度盘也由光学玻璃刻画而成，安装在望远镜水平轴的一端，随同望远镜一同做竖直方向的旋转。度盘的刻画从0°到360°，标注则有按顺时针和逆时针刻画的两种形式。如图3-12所示，为按逆时针注记的一种竖直度盘。

竖直度盘指标水准管与指标相连，望远镜转动，指标不动。如调节竖直度盘指标水准管微动螺旋，水准管的气泡居中，指标也随之移动而居正确位置。倘若望远镜视准轴水平并取盘左位置时，竖直度盘指标指示的读数为90°，如图3-12（a）所示；若望远镜视准轴水平并取盘右位置时，竖直度盘指标指示的读数为270°，如图3-12（b）所示。

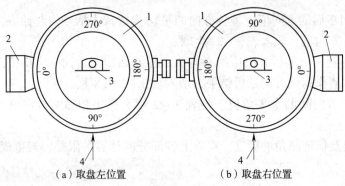

（a）取盘左位置   （b）取盘右位置

图3-12 经纬仪竖直度盘的刻度

1—竖直度盘；2—物镜；3—横轴；4—指标线

3.4.2 用经纬仪测竖直角

经纬仪的竖直度盘是测量竖直角的装置。使用DJ$_6$型光学经纬仪测竖直角的步骤如下：

1）如图3-13所示，安置经纬仪于测站点A上，对中、整平仪器的照准部，用皮尺量取仪器中心到地面的铅垂距离，称为"仪器高"（H）。

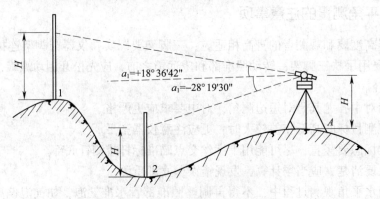

$a_1=+18°36'42''$
$a_1=-28°19'30''$

图3-13 用经纬仪测竖直角的方法

2）在测点 1（或 2）上，首先竖直竖立一支水准尺。然后用经纬仪望远镜取盘左位置，照准水准尺上等于仪器高 H 的尺读数处。

3）旋动竖直度盘指标水准管微动螺旋，致使水准管气泡居中，垂直度盘指标即居正确位置。

4）从读数显微镜中读竖直度盘读数 L，记入竖直角测量手簿中竖盘位置为"左"的"竖盘读数"栏，见表 3 - 4。

表 3 - 4　竖直角测量

测站	测点	竖盘位置	竖盘读数	竖直角	平均竖直角	备注
A	1	左	108°36′42″	+18°36′42″	+18°36′36″	
		右	251°23′30″	+18°36′30″		
A	2	左	61°40′30″	-28°19′30″	-28°19′33″	
		右	298°19′36″	-28°19′36″		

5）倒镜取盘右位置，同法再照准点 1（或点 2），读取竖直度盘读数 R，并且记入竖直角测量手簿中竖盘位置为右的"竖盘读数"栏。

竖直角应作计算，根据竖直度盘的构造和注记特点确定。如图 3 - 14 所示，竖直度盘注记为逆时针方向。图 3 - 14（a）为盘左时的图像，读数为 L，竖直角为 +α_L，由图中的几何关系便可得知：

$$\alpha_L = L - 90° \tag{3-3}$$

图 3 - 14（b）为盘右时的图像，读数为 R，竖直角应为：

$$\alpha_R = 270° - R \tag{3-4}$$

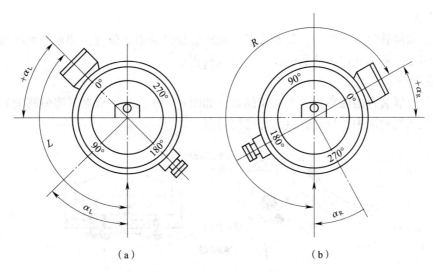

（a）　　　　　　　　　（b）

图 3 - 14　用经纬仪测竖直角的计算

3.5　经纬仪的检验与校正

3.5.1　照准部水准管轴垂直于竖轴的检验与校正

1．检验

先将仪器粗略整平后，使水准管平行于其中的两个脚螺旋，同时采用两个脚螺旋使水准管气泡精确居中，这时水准管轴 LL 已居于水平位置，若两者不相垂直，则竖轴 VV 不在铅垂位置。然后将照准部旋转 180°，因为它是绕竖轴旋转的，竖轴位置不动，则水准管轴偏移水平位置，气泡也不再居中，则此条件不满足。如果照准部旋转 180° 后，气泡仍然居中，那么两者相互垂直条件满足。

2．校正

检验后若气泡偏离超过一格，要即时进行校正。在校正时，用脚螺旋使气泡退回原偏移量的一半位置，再用校正针调节水准管一端的校正螺钉，升高或降低这一端，使气泡居中。水准管校正装置的构造，如图 3-15 所示。调节校正螺钉时要注意先松后紧，以此避免对螺钉造成破坏。此项检校工作需要反复进行，直至满足条件为止。

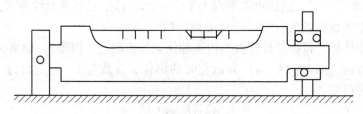

图 3-15　水准管校正装置

3.5.2　圆水准器轴平行于竖轴的检验与校正

1．检验

照准部水准管气泡居中后，仪器整平，此时竖轴已居铅垂位置，如果圆水准器平行于竖轴条件满足，那么气泡应该居中，否则应该校正。

2．校正

在圆水准器装置的底部有三个校正螺钉，如图 3-16 所示。根据气泡偏移的方向进行调节，直至圆气泡居中，校正好后，将螺钉旋紧。

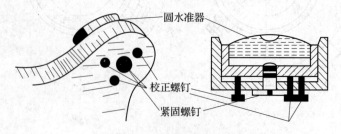

图 3-16　圆水准器底部结构

3.5.3　十字丝竖丝垂直于横轴的检验与校正

1. 检验

整平仪器后，用十字丝竖丝的一端照准一个小而清晰的目标点，拧紧水平制动螺旋和望远镜制动螺旋，然后使用望远镜的微动螺旋使目标点移动到竖丝的另一端，如图 3－17 所示。若目标点此时仍位于竖丝上，则此条件满足，否则需要校正。或者在墙壁上挂一细垂线，用望远镜竖丝瞄准垂线，若竖丝与垂线重合，则符合条件，否则需要校正。

2. 校正

此处的校正方法与水准仪中横丝应垂直于竖轴的校正方法相同，此处只需使纵丝竖直即可。如图 3－18 所示，校正时，先打开望远镜目镜端护盖，松开十字丝环的四个固定螺钉，按竖丝偏离的反方向微微转动十字丝环，直到目标点在望远镜上下俯仰时始终在十字丝纵丝上移动为止，最后旋紧固定螺钉，旋上护盖。

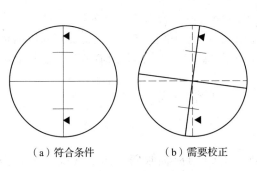

（a）符合条件　　（b）需要校正

图 3－17　十字丝检验

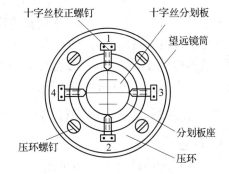

图 3－18　十字丝纵丝的校正

3.5.4　视准轴垂直于横轴的检验与校正

1. 检验

如图 3－19 所示，选一长约 100m 的平坦地面，在一条直线上确定 A、O、B 三点（OB 长度大于 10m），将仪器安置于 O 点。A 点设一照准目标，B 点横放一有 mm 刻度的小尺。先以盘左位置照准 A 点目标，固定照准部，将望远镜倒转，在 B 点小尺上读数得 B_1 点。随后用同样方法以盘右照准 A 点，固定照准部，再倒转望远镜后，在 B 点小尺上读数得 B_2 点，若 B_1 和 B_2 重合则条件满足，若不重合则此条件不满足，则需进行校正。

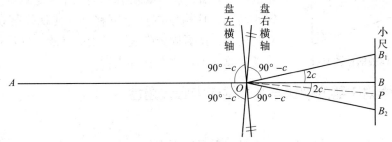

图 3－19　视准轴的检验与校正

视准轴不垂直于横轴，相差一个 c 角（视准误差），那么盘左照准 A 时倒转后照准 B_1 点，所得 B_1B 长为 $2c$ 的反映，盘右照准 A 时倒转后照准 B_2 点，所得 B_2B 长也为 $2c$ 的反映，因此 B_1B_2 长为 $4c$ 的反映。

$$视准误差 c = \frac{1}{4} \times \frac{B_1B_2}{OB} \rho \tag{3-5}$$

2. 校正

图 3-19 中，如果视线与横轴不相垂直，则存在视准误差 c，$\angle B_1OB_2 = 4c$，在校正时只需校正一个 c 角。取 B_1B_2 的 1/4 处且靠近 B_2 点的 P 点，认为 $\angle POB_2 = c$ 在照准部不动的条件下，在图 3-18 中，校正刻度板校正螺旋，使十字丝交点左右移动，同时使其对准 B 点，则此条件即可满足。

此外，也可采用水平度盘读数法进行检验，方法是分别用盘左和盘右照准同一目标，得盘左和盘右读数，两读数应相差 $180°$，若不相差 $180°$，则存在视准误差：

$$c = (a_左 - a_右 \pm 180°)/2 \tag{3-6}$$

校正时，盘右位置，配置水平度盘读数为 $a'_右 = a_右 + c$（令盘左时 c 为正），而此刻十字丝交点不再对准目标，利用十字丝校正螺旋校正十字丝刻度板位置，使得交点对准目标即可。这种检验方法只对水平度盘无偏心或偏心差影响小于估读误差时有效，当偏心差影响是主要因素时，此种检验将得不到正确结果。

3.5.5　横轴垂直于竖轴的检验与校正

1. 检验

在竖轴铅垂的情况下，如果横轴不与竖轴垂直，则横轴倾斜。如果视线已垂直横轴，则绕横轴旋转时构成的是一个倾斜平面。在进行这项检验过程中，应将仪器架设在一个较高壁附近，如图 3-20 所示。当仪器整平以后，以盘左照准墙壁高处一清晰的目标点 P（倾角 $>30°$），随后将望远镜放平，在视线上标出墙上的一点 P_1，再将望远镜改为盘右，仍然照准 P 点，并放平视线，在墙上标出一点 P_2，如果 P_1 和 P_2 两点相重合，则此条件满足，否则需要校正。

2. 校正

取 P_1、P_2 的中点 P'，则 P、P' 在同一铅垂面内。照准 P' 点，将望远镜抬高，则视线必然偏离 P 点而指向 P'' 点。在校正时保持仪器不动，校正横轴的一端，将横轴支架的护罩打开，松开偏心轴承的三个固定螺旋，轴承可作微小转动，使横轴端点上下移动，使视线落在 P 上。校正完成后，旋紧固定螺旋，并上好护罩。这项校正需打开支架护罩，不适宜在室外进行。

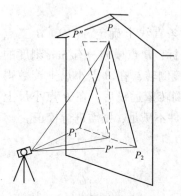

图 3-20　横轴的检验与校正

3.5.6　光学对中器的视线与竖轴旋转中心线重合

1. 检验

将仪器架好后，在地面上铺一白纸，并且在纸上标出视线的位置点，之后将照准部平转 180°，接着再标出视线的位置点，此时若两点重合，则条件满足，否则需要校正。

2．校正

不同厂家生产的仪器，校正的部位也不尽相同，有的是校正光学对中器的望远镜分划板，有的则校正直角棱镜。由于检验时所得前后两点之差是由二倍误差造成的，因此在标出两点的中间位置后，校正有关的螺旋，使视线落在中间点上即可。光学对中器分划板的校正与望远镜分划板的校正方法相同。直角棱镜的校正装置位于两支架的中间，校正直角棱镜的方向和位置需反复进行，直至达到满足为止。

3.5.7 竖盘指标差

1．检验

检验竖盘指标差的方法是用盘左、盘右照准同一目标并且读得其读数 L 和 R 后，按照指标差的计算公式来计算其值，当不符合其限差时则需校正。

2．校正

保持盘右照准原来的目标不变，此时的正确读数应为 $R-x$。用指标水准管微动螺旋将竖盘读数安置在 $R-x$ 的位置上，这时水准管气泡必不再居中，调节指标水准管校正螺旋，同时使气泡居中即可。有竖盘指标自动补偿器的仪器应校正竖盘自动补偿装置。

竖盘指标差应该反复进行几次，直到误差处于容许的范围以内，并且满足条件为止。

4 距离测量与直线定向

4.1 钢尺量距

4.1.1 钢尺量距的基本工具

距离测量是测量的三项工作之一。测量地面上两点之间的距离就是距离测量的内容所在。根据测量距离的精度要求和采用的方法、工具的不同，距离测量可分为直接量距和间接量距。

直接量距的常用工具有钢尺和皮尺等。

钢尺是量距的首要工具，又称为钢卷尺，一般尺宽为 0.8 ~ 1.5cm，厚为 0.3 ~ 0.5mm，尺总长度通常有 20m、30m、50m。尺的一端为扣环，另一端装有手柄，收卷后如图 4 - 1 所示。还有一种稍薄一些的钢卷尺，称为轻便钢卷尺，其长度有 10m、20m、50m 等几种，通常收卷在一皮盒或铁皮盒内，如图 4 - 2 所示。

图 4 - 1　钢卷尺

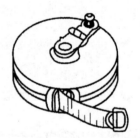

图 4 - 2　轻便钢卷尺

钢卷尺由于尺的零点位置不同，分为端点尺和刻度尺两种。端点尺是以尺的端部、金属拉环最外端为零点起算，如图 4 - 3 （a） 所示。刻线尺是以刻在尺端附近的零分划线起算的，如图 4 - 3 （b） 所示。端点尺使用比较方便，但量距精度较刻线尺稍差一些。

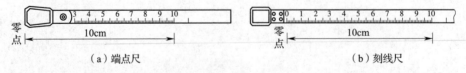

零点   10cm   零点   10cm

（a）端点尺   （b）刻线尺

图 4 - 3　端点尺和刻线尺

一般钢卷尺上的最小分划为厘米，在零端第一分米内刻有毫米分划，在每米和每分米的分划线处，都注有数字。此外，在零端附近还有尺长（如 20m）、温度（如 20℃）、拉力（如 5kg）等数值。这些说明在规定温度 20℃ 及拉力 5kg 条件下，该钢尺的实际长度为 20m。当条件改变时，钢尺的实际长度也随之改变。为了在不同条件下求得钢尺的实际长度，每支钢卷尺在出厂时都附有尺长方程式。在实际工作中，钢卷尺长度应经常进行检定，其检定方法在本节中不予要求。

皮尺（布卷尺）的外形和轻便钢卷尺相似，整个尺子收卷在一皮盒中，长度有20m、30m、50m等，一般为端点尺。由于布带受拉力影响较大，所以皮尺常在量距精度要求不高时使用。

其他量距工具主要还有测钎和花杆等。

4.1.2 钢尺量距的一般方法

1. 直线定线

为方便量距工作，需分成若干尺段进行丈量，这就需要在直线的方向上插上一些标杆或测钎，在同一直线上定出若干点，称为直线定线。定线工作一般用目估或用仪器进行。在钢尺量距的一般方法中，量距的精度要求较低，所以只用目估法进行直线定线。

设两点为 A 和 B，且能互相通视，分别在 A、B 点上竖立标杆，由一测量员站在 A 点标杆后 1～2m 处，观测另一测量员持标杆在大致 AB 方向附近移动，当与 A、B 两点的标杆重合时，即在同一直线上。通常定线时，点与点之间的距离最好稍短于整尺长，地面起伏较大时则最好更短。在平坦地区，这项工作常与丈量同时进行，即边丈量边定线。

2. 平坦地面量距

目估定线后即可进行丈量工作。丈量工作一般需要三人进行，分别担任前司尺员、后司尺员和记录员。

丈量时后司尺员持钢尺的零点端，前司尺员持钢尺的末端，通常在土质地面上用测钎标示尺端端点位置。丈量时尽量用整尺段，一般仅末段用零尺段测量，如图 4 - 4 所示。整尺段数用 n 表示，其余长用 q 表示，则地面两点间的水平距离为：

$$D_{AB} = nl + q \qquad (4-1)$$

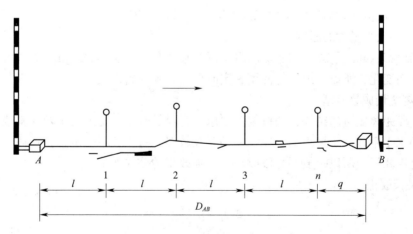

图 4 - 4 平坦地面量距

为了防止错误，提高丈量结果的精度，需进行往返测量，一般用相对误差来表示成果的精度。计算相对误差时，往返测量数之差取绝对值；分母取往返测量的平均值，并化为分子为 1 的分数形式。

4.1.3　钢尺精密量距方法

1. 直线精密丈量

当丈量的精度要求较高时，测量时可采用钢尺悬空丈量，并在尺段两端同时读数的方法进行。丈量前，先用仪器定线，并在方向线上标定出略短于测尺长度的若干线段。各线段的端点用大木桩标志，桩顶面刻划一个"十"字表示端点点位。丈量时，从直线一端开始，将钢尺一端连接在弹簧秤上，钢尺零端在前，末端在后，然后将钢尺两端置于木桩上，两司尺员用检定时的拉力把钢尺拉直后，由前、后读尺员按桩顶"十"字标志进行读数。按照先读后端，后读前端的原则（读到 mm 位）。记录员随即将读数记入手册。以同样的方法进行往返逐段丈量。

这种丈量方法要求每尺段应进行 3 次读数，以减小误差。在丈量前和丈量后，应使用仪器测定每尺段的高差，并记录丈量时的温度。

2. 钢尺尺长方程式

钢尺表面标注的长度叫作名义长度，通常钢尺的实际长度不等于其名义长度，且不是一个固定值，而是随丈量时的拉力和温度的变化而变化。

钢尺受到不同的拉力，其尺长会有微小的变化，所以在进行精密量距或钢尺检定时，应加规定的拉力，如 50m 钢尺用 200N 拉力。钢尺的长度还会随温度变化而变化。因此引入钢尺长方程式表示钢尺的真实长度、名义长度及尺长改正数和温度的函数关系：

$$l_t = l + \Delta l + al\ (t - t_0) \tag{4-2}$$

式中：l_t——丈量时温度为 t 时的钢尺实际长度（m）；

　　l——钢尺刻划上注记的长度，即名义长度（m）；

　　Δl——钢尺在检定温度为 t_0 时的尺长改正数；

　　a——钢尺膨胀系数，其值约为 $11.6 \times 10^{-6} \sim 12.5 \times 10^{-6} m/(m \cdot ℃)$；

　　t_0——钢尺检定时的温度又称标准温度，一般取 20℃；

　　t——钢尺丈量时的温度。

每根钢尺都应有尺长方程式才能测得实际长度，但尺长方程式中的 Δl 会因某些客观因素的影响而变化，所以，钢尺每使用一定时期后必须重新检定。

3. 距离丈量成果整理

对某一段距离丈量的结果，须按规范要求进行尺长改正、温度改正及倾斜改正，才能得到实际的水平距离。丈量距离，通常总是分段较多，每段长不一定是整尺段，且每段的地面倾斜也不相同，所以一般要分段改正。三项改正的公式如下。

（1）尺长改正：

$$\Delta D_1 = L \frac{\Delta l}{l} \tag{4-3}$$

式中：l——钢尺名义长度；

　　L——测量长度；

　　Δl——钢尺检定温度时整尺长的改正数，即尺长方程式中的尺长改正数；

　　ΔD_1——该段距离的尺长改正。

（2）温度改正：

$$\Delta D_t = La\ (t - t_0) \tag{4-4}$$

式中：t_0——钢尺检定温度；

$\quad\ \ t$——钢尺丈量时温度；

$\quad\ \ L$——测量长度；

$\quad\ \ a$——钢尺膨胀系数；

$\ \Delta D_t$——该段距离的温度改正。

（3）倾斜改正：

$$\Delta D_h = D - L = -\frac{h^2}{2L} \tag{4-5}$$

式中：L——测量长度；

$\quad\ \ h$——A、B 两点间的高差。

经以上三项改正后就可求得水平距离：

$$D = L + \Delta D_l + \Delta D_t + \Delta D_h \tag{4-6}$$

将改正后的各段水平距离相加，即得丈量距离的全长。若往返测距离的相对误差在限差内，则取往返测距离平均值作为最后成果。

4.1.4　钢尺量距注意事项

伸展钢卷尺时，要小心慢拉，钢尺不可卷扭、打结。若发现此情况，应细心解开，不能用力抖动，否则容易折断钢卷尺。

丈量前，应分辨清楚钢尺的零端和末端。丈量时，钢尺应逐渐用力拉平、拉直、拉紧，不能突然用力猛拉。丈量过程中，钢尺拉力应尽量保持恒定。

转移尺段时，前、后拉尺员应将钢尺提高，不可在地面上拖拉摩擦。钢尺伸展开后，不能让行人、车辆等从钢尺上通过，否则极易损坏钢尺。

测钎应对准钢尺的分划并插直。单程丈量完毕，前、后拉尺员应检查手中测钎数目，避免加错或算错整尺段数。一测回丈量完毕，应立即检查限差是否合乎要求，不合乎要求时应重测。

丈量工作结束后，要用干净布将钢尺擦净，然后上油防止生锈，好好保护。

4.2　视　距　测　量

4.2.1　视距测量原理

1.　视线水平时的视距测量原理

如图 4-5 所示，欲测定 A，B 两点间的水平距离 D 及高差 h，可在 A 点安置经纬仪，B 点竖立视距尺。当经纬仪视线水平时照准视距尺，可使视线与视距尺相垂直。如果十字丝的上丝为 n，下丝为 m，其间距为 p。F 为物镜的主焦点，f 为物镜焦距，δ 为物镜中心至仪器旋转中心的距离，则视距尺上 M、N 点按几何光学原理成像在十字丝分划板上的两根视距丝 m，n 处，MN 的长度可由上、下视距丝读数之差求得，即视距间隔 l。

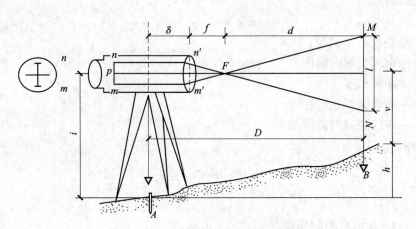

图 4 – 5　视线水平时的视距测量原理

由图 4 – 5 可得：

$$\triangle MFN \sim \triangle m'Fn'$$

则：

$$d : l = f : p$$

$$d = \frac{f}{p} l \tag{4-7}$$

而

$$D = d + f + \delta = \frac{f}{p} l + f + \delta \tag{4-8}$$

令

$$\frac{f}{p} = k, \ f + \delta = C, \ \text{则} \ D = kl + C \tag{4-9}$$

k 称为视距乘常数，一般的仪器视距乘常数为 100；C 称为视距加常数，就外对光望远镜来说，C 值通常在 0.3 ~ 0.6m，对于内对光望远镜，经过调整物镜焦距、调焦透镜焦距及上、下丝间隔等参数后，$C = 0$。则式（4 – 9）可表示为：

$$D = kl \tag{4-10}$$

在平坦地区当视线水平时，读取十字丝中丝在尺上的读数 ν，量取仪器高 i，A，B 两点之间的高差 h 可表示为：

$$h = i - \nu \tag{4-11}$$

2. 视线倾斜时的视距测量原理

由于地形起伏和通视条件的影响，在视距测量中往往必须使望远镜视线倾斜，才能读取尺间隔。如图 4 – 6 所示，将经纬仪安置在 A 点，视距尺竖立于 B 点，望远镜倾斜瞄准视距尺，两视距丝截尺于 M、N 点，并测得竖直角为 θ。由于视线不垂直于视距尺，所以不能直接用式（4 – 9）、式（4 – 10）求取水平距离和高差。

如图 4 – 6 所示，假设将竖直的视距尺 R 绕 O 点旋转 θ 角变成视距尺 R'，使其与视准轴垂直并交于 O 点，此时视距丝将截尺于 M'、N' 两点，则由式（4 – 9）求得 A、B 之间的斜距为：

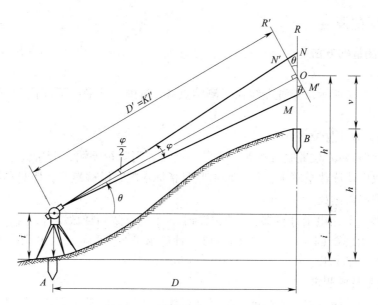

图 4 - 6　视线倾斜时视距原理

$$D' = Kl' = KM'N'$$

因通过视距丝的两条光线间的夹角 φ 很小（约为 $34'$），故 $\angle MM'O$ 和 $\angle NN'O$ 可近似视为直角，则由 $\triangle MM'O$ 和 $\triangle NN'O$ 可得：

$$OM' = OM\cos\theta, \quad ON' = ON\cos\theta$$

因

$$
\begin{aligned}
M'N' &= OM' + ON' \\
&= （OM + ON）\cos\theta \\
&= MN\cos\theta \\
&= l\cos\theta
\end{aligned}
$$

所以

$$D' = KM'N' = Kl\cos\theta$$

在图 4 - 6 中，A、B 两点之间的水平距离为：

$$D = D'\cos\theta$$

则

$$D = Kl\cos^2\theta \qquad\qquad (4 - 12)$$

从图 4 - 6 中可以看出，A、B 两点之间的高差 h 为：

$$h = h' + i - \upsilon$$

由于

$$h' = D'\sin\theta = Kl\cos\theta\sin\theta$$

故

$$h = \frac{1}{2}Kl\sin2\theta + i - \upsilon \qquad\qquad (4 - 13)$$

4.2.2 视距的测量

1. 视距测量的方法

（1）观测。

1）如图4 – 7所示，安置经纬仪于测站点 A，对中、整平；量取仪器安置高度 i，读至厘米。

2）在测点 B 上竖立视距尺。

3）用经纬仪盘左位置瞄准视距尺上某一高度，消除视差后，分别读取上、下丝读数至毫米，读取中丝读数至厘米；然后调节竖盘指标水准管微动螺旋，使竖盘指标水准管气泡居中，读取竖盘读数。

（2）计算。利用电子计算器，首先根据上、下丝读数和竖盘读数，计算出尺间隔 l 和竖直角 θ，然后由式（4 – 12）、式（4 – 13）计算水平距离和高差，并根据测站 A 的已知高程推算测点 B 的高程。

2. 视距常数的测定

为了保证视距测量成果的精度，应经常对仪器的视距常数进行检测。由于 DJ$_6$ 光学经纬仪的加常数 C 约为零，因此在视距测量中一般仅测定乘常数 K。

如图4 – 7所示，首先在平坦地面上选择一条直线，在 A 点打一木桩，并从该点开始，沿直线方向用钢尺依次量取30m、60m、90m、120m，分别在地面上得 A_1、A_2、A_3、A_4 各点，同时在相应点位上打木桩进行标记；然后安置经纬仪于 A 点，在盘左或盘右时调节望远镜视线水平，并依次照准 A_1、A_2、A_3、A_4 各点上的视距尺，消除视差后读取各点的上、下丝读数，分别计算出尺间隔 l_1、l_2、l_3、l_4。

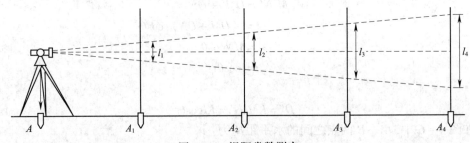

图4 – 7 视距常数测定

根据测量出的尺间隔和已知距离，便可计算仪器观测各立尺点时的 K 值，即：

$$K_1 = \frac{30}{l_1}, \ K_2 = \frac{60}{l_2}, \ K_3 = \frac{90}{l_3}, \ K_4 = \frac{120}{l_4}$$

乘常数 K 的平均值为：

$$\bar{K} = \frac{K_1 + K_2 + K_3 + K_4}{4} \tag{4 – 14}$$

乘常数 K 的精度为：

$$精度 = \frac{\left| \bar{K} - 100 \right|}{100} = \frac{1}{\dfrac{100}{\left| \bar{K} - 100 \right|}} \tag{4 – 15}$$

若求出的精度高于1/1000，计算水平距离和高差时 K 值仍取100，否则 K 值应为实测值。

3．视距测量的误差及注意事项

（1）读数误差。用视距丝读取视距间隔的误差与尺子最小分划分的宽度、距离远近、望远镜的放大倍率及成像清晰程度等因素有关。若视距间隔仅有1mm的差异，将使距离产生近0.1m的误差。所以读数时一定要仔细，并认真消除视差。为了减少读数误差的影响，可用上丝或下丝对准尺上的整分划数，然后用另一根视距丝估读出视距读数，同时视距测量的施测距离也不宜过大。

（2）视距尺倾斜引起的误差。当标尺前倾时，所得尺间隔变小；当标尺后仰时，尺间隔增大。倾斜角越大，对距离影响也越大。因此为了减小它的影响，应使用装有圆水平器的视距尺，观测时尽可能使视距尺竖直。

（3）视距常数 K 不准确的误差。视距常数 K 值通常为100，但是由于仪器制造的误差以及温度变化的影响，使实际的 K 值并不准确等于100。如仍按 $K = 100$ 计算，就会使所测距离含有误差。因此每台仪器均要严格检查其视距常数值，如测得的 K 值在 99.95 ～ 100.05 之间，使用时便可把它当成100，否则应采用实测的 K 值。

（4）垂直折光差的影响。视距尺不同部分的光线是通过不同密度的空气层到达望远镜的，越接近地面的光线受折光影响越显著。因此在阳光下作业时，应使视线离开地面1m左右，这样可以减少垂直折光差。此外，如视距尺刻划误差、竖直角观测误差都将影响视距测量精度。

4.2.3　视距测量的注意事项

1）特别注意观测时应消除视差，估读毫米应准确。

2）对老式经纬仪应注意读竖角时，使竖盘水准管气泡居中，对新式经纬仪应注意把竖盘指标归零开关打开。

3）立尺时尽量使尺身竖直，尺子不竖直对测距精度影响极大。尺子要立稳，观测上丝时用竖盘微动螺旋对准整分划（不必再估数），并立即读取下丝读数，尽量缩短读上下丝的时间。

4）为了减少大气折光及气流波动的影响，视线要离地面0.5m以上，特别在日晒或夏季作业时更应注意。

4.3　光　电　测　距

4.3.1　光电测距原理

如图 4 - 8 所示，欲测定 A、B 两点之间的距离 D。

1）首先安置反射镜于 B 点，仪器发射的光束由 A 点到 B 点，经反射镜反射后返回到仪器上。

2）设光速 c 为已知，如果光束在欲测距离 D 上往返传播的时间 t_{2D} 已知，则距离 D 可由式（4-16）求出：

$$D = \frac{1}{2}ct_{2D} \qquad\qquad (4-16)$$

$$c = c_0/n \qquad\qquad (4-17)$$

式中：c_0——真空中的光速值，$c_0 = 299792458 \mathrm{m/s}$；

n——大气折射率，与测距仪所用光源的波长、测线上的气温 t、气压 P 和湿度 e
有关。

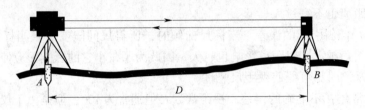

图 4-8　光电测距原理图

光电测定距离的精度主要取决于测定时间 t_{2D} 的精度，大多采用间接测定法来测定 t_{2D}，方法见表 4-1。

表 4-1　间接测定法

项目	内　　容
脉冲式测距	脉冲式测距是直接测电磁波传播时间来确定距离的方法，它通常只能达到米级精度。测量时，由光电测距仪的发射系统发出脉冲，经被测目标反射后，再由测距仪的接收系统接收，测出这一光脉冲往返所需时间间隔（t_{2D}）的钟脉冲的个数，以求得距离 D。由于计数器的频率一般为 300MHz，测距精度为 0.5m，精度较低
相位式测距	相位式测距是将发射光波的光强调制成正弦波的形式，通过测量正弦光波在待测距离上往返传播的相位差解算距离。红外光电测距仪通常均采用相位测距法

在测距仪的砷化镓（GaAs）发光二极管上加了频率为 f 的交变电压（即注入交变电流）后，它发出的光强就随注入的交变电流呈正弦变化，这种光称为调制光。测距仪在 A 点发出的调制光在待测距离间传播，经反射镜反射后被接收器接收，然后用相位计将发射信号与接收信号进行相位比较，由显示器显出调制光在待测距离往、返传播所引起的相位移 ϕ。

目前使用最多的是通过测量光波信号往返传播所产生的相位移来间接测量时，即相位法。

4.3.2　光电测距仪的操作与使用

1. 安置仪器

先在测站上安置好经纬仪，对中、整平后，将测距仪主机安装在经纬仪支架上，用连接器固定螺栓锁紧，将电池插入主机底部、扣紧。在目标点安置反射棱镜，对中、整平，并使镜面朝向主机。

2. 观测垂直角、气温和气压

用经纬仪十字横丝照准觇板中心，测出垂直角 α。同时观测和记录温度和气压计上的读数。观测垂直角、气温和气压，目的是对测距仪测量出的斜距进行倾斜改正、温度改正和气压改正，以得到正确的水平距离。

3. 测距准备

按电源开关键"PWR"开机，主机自检并显示原设定的温度、气压和棱镜常数值，自检通过后将显示"good"。

若修正原设定值，可按"TPC"键后输入温度、气压值或棱镜常数（一般通过"ENT"键和数字键逐个输入）。一般情况下，只要使用同一类的反光镜，棱镜常数不变，而温度、气压每次观测均可能不同，需要重新设定。

4. 距离测量

调节主机照准轴水平调整手轮（或经纬仪水平微动螺旋）和主机俯仰微动螺旋，使测距仪望远镜精确瞄准棱镜中心。在显示"good"状态下，精确瞄准也可根据蜂鸣器声音来判断，信号越强声音越大，上下左右微动测距仪，使蜂鸣器的声音最大，便完成了精确瞄准，出现"＊"。

精确瞄准后，按"MSR"键，主机将测定并显示经温度、气压和棱镜常数改正后的斜距。在测量中，若光速受挡或大气抖动等，测量将暂被中断，此时"＊"消失，待光强正常后继续自动测量；若光束中断30s，待光强恢复后，再按"MSR"键重测。

斜距到平距的改算，一般在现场用测距仪进行，方法是：按"V/H"键后输入垂直角值，再按"SHV"键显示水平距离。连续按"SHV"键可依次显示斜距、平距和高差。

4.3.3　红外测距仪的使用

在待测边一端设置测距仪（对中、整平），另一端设置棱镜（对中、整平），可测得单测斜距。测距作业应注意事项如下：

1）测距前应先检查电池电压是否符合要求。在气温较低的条件下作业时，应有一定的预热时间。

2）测距时应使用相配套的反射棱镜。未经检验，不能与其他型号的设备互换棱镜。

3）反射棱镜背面应避免有散射光的干扰，镜面应保持清洁。

4）测距应在成像清晰、稳定的情况下进行。

5）当观测数据出现错误（如分群现象）时，应分析原因，待仪器及环境稳定后重新进行观测。

6）人工记录时，每测回开始要读、记完整的数字，以后可读、记小数点后的数。厘米位以下数字不得修改，在同一距离的往返测量中，米和分米位部分的读记错误不得多次更改。光电测距记录手册，如表4-2所示。

表4-2 光电测距记录手簿

边 名＿＿＿＿＿＿ 仪器号＿＿＿＿＿＿ 日 期＿＿＿＿＿＿
天 气＿＿＿＿＿＿ 观测者＿＿＿＿＿＿ 记录者＿＿＿＿＿＿

高程	测站点		仪器高		测量时间	开始时间	
	镜站点		棱镜高			结束时间	
			气象观测				
						温度	气压
第 测回			测前	测站			
				镜站			
			测后	测站			
				镜站			
中数			中数				

垂直角观测

站点	盘左读数	盘右读数	指标数	垂直角	觇标高

水平距离计算

测回中数	气象改正	频率	常数改正	倾斜改正	归心改正	修正后的水平距离

4.3.4 光电测距仪的注意事项

1）由于气象条件对光电测距影响较大，因此微风的阴天是观测的良好时机。

2）测线应尽量离开地面障碍物1.3m以上，且应避免通过发热体和较宽水面的上空。

3）测线应避开强电磁场干扰的地方（如测线不宜接近变压器、高压线等）。

4）镜站的后面不应有反光镜和其他强光源等背景的干扰。

5）要严防阳光及其他强光直射接收物镜，避免光线经镜头聚焦进入机内，将部分元件烧坏，阳光下作业应撑伞保护仪器。

4.4　电磁波测距

4.4.1　电磁波测距的基本原理

如图4-9所示，欲测定A、B两点间的距离D，可在A点安置能发射和接收光波的电磁波测距仪，在B点安置反射棱镜。电磁波测距仪发出的光束由A到达B，经反射棱镜反射后，又返回到测距仪。通过测定光束在A、B之间往、返传播的时间t_{2D}，根据光波在大气中的传播速度c，距离D可由式（4-18）求出：

$$D = \frac{1}{2}ct_{2D} \tag{4-18}$$

式中：c——光波在大气中的传播速度，$c = \frac{c_0}{n}$；

$\quad c_0$——真空中的光速值，其值为299792458m/s；

$\quad n$——大气折射率，它与测距仪所用光源的波长，测线上的气温、气压和湿度有关；

$\quad t_{2D}$——光波在所测距离D间的往、返传播时间。

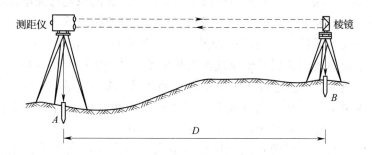

图4-9　电磁波测距基本原理

测定距离D的精度，主要取决于测定时间t_{2D}的精度。根据测定时间t_{2D}的方式不同，电磁波测距仪又可分为脉冲式测距法和相位式测距法两种。

1．脉冲式测距法

由测距仪的发射系统发出的光脉冲，经被测目标反射后，再由测距仪的接收系统接收，根据发射和接收光脉冲的时间差，直接测定时间t_{2D}，求出距离D的方法，称为脉冲式测距。因激光脉冲发射的瞬时功率很大，所以测程远，但目前由于受激光器脉冲宽度等电子技术的制约，脉冲式测距精度较低，一般只能达到米级，在短距离测距中不被采用。

2．相位式测距法

由测距仪的发射系统发射一种连续的调制光波，经安置在被测地点的反射棱镜反射后，再返回到测距仪的接收系统，然后用相位计将发射信号与接收信号进行相位比较，以测定调制光波在待测距离上往、返传播所产生的相位差，间接地测定时间t_{2D}，计算出距离D，称为相位式测距。相位式测距的精度高，可以达到毫米级，其应用范围较为广泛。

4.4.2　电磁波测量仪器

目前地面上的电磁波测距一般都采用相位测距法。

电磁波测距仪根据载波为光波或微波而有光电测距仪和微波测距仪之分。前者又因光源和电子部件的改进，发展成为激光测距仪和红外测距仪。

1．光电测距仪

早期的光电测距仪采用电子管线路，以白炽灯或高压水银灯作为光源，体型大，测程较短，而且只能在夜间观测。

在发展激光测距仪的同时，20世纪60年代中期出现了红外测距仪。它的优点是体型小，发光效率高；更由于微型计算机和大规模集成电路的应用，再与电子经纬仪结合，于是形成了具备测距、测角、记录、计算等多功能的测量系统，有人称之为电子全站仪或电子速测仪。目前这种仪器的型号很多，测程一般可达5km，有的更长，测距精度为±（5mm + 3 × 10D），广泛用于城市测量、工程测量和地形测量。

2．微波测距仪

原理是将测距频率调制在载波上，由主台发射出去，经副台接收和转送回来之后，测量调制波的相位。确定测线上整周期数n和相位差/2π的原理与光电测距相同。早期的微波测距仪为了测定相位差，使发射的调制波在阴极射线管上产生一个圆形扫迹；返回信号则变换成为脉冲，它使圆形扫迹产生一个缺口，其位置表示发射信号与返回信号的相位差。以后改用移相平衡原理测定相位差。从1956年到20世纪70年代中期，微波测距仪有了重大改进。它经历了电子管、晶体管和集成电路3个阶段，重量减轻，体积缩小，耗电量下降，并提高载波频率以缩小波束角，提高调制频率使测距读数更为精确。此外，它还有全天候和测程远（可达到100km）的优点，因此是一种很方便的测距仪器。但因它的波束角比光电测距仪的大，多路径效应严重，地表和地物的反射波使接收波的组成极为复杂，而又无法区分，给观测结果带来误差。此外，大气湿度对微波测距的影响相当大，而在野外湿度又难以测定。因此微波测距的精度低于光电测距。

4.4.3　DCH3 - 1型红外测距仪及其使用

1．仪器的结构

电磁波测距仪的型号较多，但其基本结构相似，主要由照准头、微处理系统、电源等组成。照准头一般包括光源系统、发射系统和接收系统。光源系统发出光波，并经过调制变为调制波，由发射系统发射至待测目标后，又被反射回到接收系统；接收系统将收到的信号转换成电信号，最后送到微处理系统进行处理，并由显示器输出测量结果。

图4-10所示为DCH_3-1型红外测距仪，其主机通过连接装置安置在经纬仪上部，并利用光轴调节螺旋，使主机的发射与接收器光轴和经纬仪视准轴位于同一竖直面内。另外，测距仪横轴到经纬仪横轴的高度与觇牌黄色靶心到反射棱镜的高度一致，从而使经纬

仪瞄准觇牌中心的视线与测距仪瞄准反射棱镜中心的视线保持平行。

反射棱镜的作用是使由主机发出的测距信号经棱镜反射后回到接收系统；棱镜安置在专用的三脚架上，并由光学对中器和水准管进行对中、整平。根据所测距离的远近，可选用单棱镜或三棱镜，如图4-11所示。

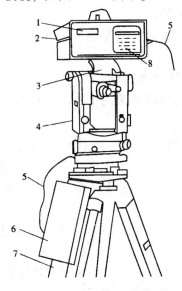

图4-10　DCH$_3$-1型测距仪

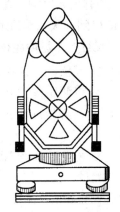

图4-11　单棱镜

1—显示屏；2—测距仪；3—连接装置；4—光学经纬仪；
5—电线；6—电池；7—三脚架；8—键盘

2. DCH$_3$-1型测距仪主要技术指标及功能

（1）技术指标。

1）测程。在标准大气和-20~+50℃温度条件下，利用单棱镜时，最大测程为1000m；三棱镜时，最大测程为3000m；最短测程小于或等于0.2m。

2）测距误差。测距误差分为两部分，一部分是与距离成比例的比例误差，即光速值误差、大气折射率误差和测距频率误差；另一部分是与距离无关的固定误差，即测相误差、加常数误差、对中误差。测距中误差的表达式为：

$$m_D = \pm \ (a + bD) \qquad\qquad (4-19)$$

式中：m_D——测距中误差（mm）；

　　　a——固定误差（mm）；

　　　b——比例误差，为10^{-6}；

　　　D——距离（km）。

DCH$_3$-1型测距仪的测距中误差为±（3mm+2×10^{-6}×D），即当距离为1km时，测距精度是±5mm。

3）测量时间。单次测量所需时间为10s，跟踪测量所需时间为0.5s。

（2）仪器的功能。

1）自检功能。仪器启动后自检，测距功能正常、精度符合要求时，显示"⊿0.000m"；

否则显示"ERROR"。

2）测距方式选择。共有五种测距方式供选择，即单次测量、跟踪用单棱镜倾斜误差自动修正单次测量（按 SP 键）、平均值测量（按 M 键）、跟踪用单棱镜倾斜误差自动修正平均值测量（按 SM 键）、跟踪测量（按 Tr 键）。

3）置数功能。可置入和校验各种参数及单位转换。

4）读数选择。根据测得的斜距和置入的角度值（水平角、竖直角、方位角），按需要取出和显示计算的结果，如斜距值⊿、平距值⊿等。

5）具有挡光停测、通光续测控制电路。只要通光积累时间达到一次测量所需的时间，便能得到一次完整的正确测量结果，适用于车多人繁的市区作业。

3. DCH₃－1 型测距仪的基本操作

（1）安置仪器。在测站上安置经纬仪，用光学对中器对中（误差不大于 1mm）、整平后，再将测距仪主机安装在经纬仪支架上，并用连接装置固定螺丝锁紧，然后将电池挂于三脚架腿上；在目标点安置反射棱镜，对中、整平，并目估使棱镜面朝向主机。

（2）观测竖直角、气温和气压。用经纬仪十字丝横丝照准反射棱镜的黄色靶心，进行竖直角测量，读、记天顶距；同时将温度计置于地面 1m 以上的通风处，并打开气压表，然后观测和记录温度、气压。观测竖直角、气温和气压，目的是对测距仪测量出的斜距进行倾斜改正、温度改正和气压改正，以得到正确的水平距离。

（3）测距准备。按压测距仪操作面板上的"ON"键开机，仪器主机进行自检，显示"BOLF CHINA"，并依次显示"0000000，1111111，…；9999999，0000000"；然后，进行内部校验，自检合格后显示"⊿0.000m"，这时仪器处于待测状态；若仪器工作不正常，则显示"ERROR"。

（4）距离测量。瞄准反射棱镜后按"SIG"键，有回光信号时，显示屏上出现横道线"－－－－－－"，同时听到蜂鸣器音响信号，回光信号越强，出现的横道线越多，蜂鸣器声音越高；按"STA"状态键，选择测距方式；按"SET"置数键，输入天顶距、水平角、温度、气压值等；按"MEAS"键，启动测量，显示最后一瞬的测量结果；按"FUC"功能键，根据测得的斜距和置入的角度，自动计算其结果，显示⊿和高差值、⊿及水平距离值、x 和 x 增量值、y 和 y 增量值。

（5）仪器充电。DCH₃－1 型测距仪的功耗为 6W，需要充电时，应将充电器接入 220V 电源，一次给电池充电时间为 10～14h，充满后为 10～11V。

4.5　直线定向

4.5.1　基本方向的种类

确定一条直线的方向称为直线定向。进行直线定向首先要选定一个标准方向作为直线定向的依据，在测量中常以真子午线、磁子午线和坐标纵线方向作为基本方向。其中，真子午线的方向用天文测量的方法测定，或用陀螺经纬仪方法测定。磁子午线可用罗盘仪测定。

1. 真子午线方向

通过地球表面某点，指向地球南、北极的方向线，称为该点的真子午线方向。真子午线方向是通过天文测量的方法或用陀螺经纬仪测定的，如图 4 – 12 （a）所示。

2. 磁子午线方向

磁针在地面某点自由静止时所指的方向，就是该点的磁子午线方向，磁子午线方向可用罗盘仪测定。由于地球的南、北两磁极与地球南、北极不一致（磁北极约在北极 74°、西经 110°附近；磁南极约在南纬 69°、东经 114°附近），因此地面上任意点的磁子午线方向与真子午线方向也不一致，二者间的夹角称为磁偏角。地面上点的位置不同，其磁偏角也是不同的。以真子午线为标准，磁子午线北端偏向真子午线以东称为东偏，规定其方向为" + "；反之，若磁子午线北端偏向真子午线以西称为西偏，规定其方向为" – "，如图 4 – 12 （a）所示。

3. 坐标纵线方向

测量平面直角坐标系中的坐标纵轴（x 轴）方向线，称为该点的坐标纵线方向，如图 4 – 12 （b）所示。

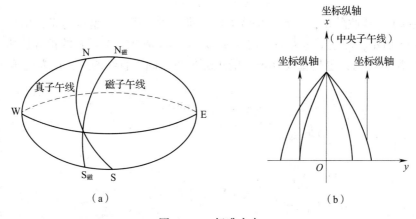

图 4 – 12 标准方向

4.5.2 直线方向的表示方法

直线方向经常采用该直线的方位角或象限角来表示。

1. 方位角

（1）方位角的类型。如图 4 – 13 所示，从标准方向的北端起，顺时针方向量到直线的水平角，称为该直线的方位角。在上述定义中，标准方向选的是真子午线方向，则称为真方位角，用 A 表示；标准方向选的是磁子午线方向，则称为磁方位角，用 A_m 表示；标准方向选的是坐标纵轴方向，则称为坐标方位角，用 α 表示；方位角的角值范围在 0° ~ 360°之间。

同一条直线的真方位角与磁方位角之间的关系，如图 4 – 14 所示，即：

$$A = A_m + \delta \qquad\qquad (4 - 20)$$

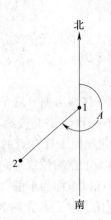

图 4 - 13　方位角

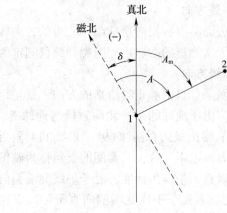

图 4 - 14　真方位角与磁方位角

真方位角与坐标方位角之间的关系，如图 4 - 15 所示，即：

$$A = \alpha + \gamma \tag{4-21}$$

坐标方位角与磁方位角之间的关系：

$$\alpha = A_m + \Delta - \gamma \tag{4-22}$$

式中：γ——子午线收敛角，以真子午线方向为准，中央子午线偏东为正，偏西为负。

图 4 - 16 所示，测量前进方向是由 A 到 B，则 α_{AB} 是直线 A 至 B 的正方位角；α_{BA} 是直线 A 至 B 的反方位角，也是直线 B 至 A 的正方位角。同一直线的正、反方位角相差 180°，即：

$$\alpha_{BA} = \alpha_{AB} \pm 180° \tag{4-23}$$

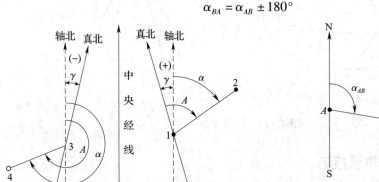

图 4 - 15　真方位角与坐标方位角　　　　图 4 - 16　正方位角与反方位角

（2）方位角的推算。在实际工作中并不需要测定每条直线的坐标方位角，而是通过与已知坐标方位角的直线联测后，推算出各直线的坐标方位角。如图 4 - 17 所示，已知直线 12 的坐标方位角 α_{12}，观测了水平角 β_2 和 β_3，要求推算直线 23 和直线 34 的坐标方位角。

由图 4 - 17 可以看出：

$$\alpha_{23} = \alpha_{21} - \beta_2 = \alpha_{12} + 180° - \beta_2$$
$$\alpha_{34} = \alpha_{32} + \beta_3 = \alpha_{23} + 180° + \beta_3$$

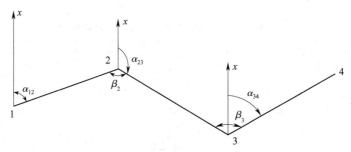

图 4 – 17　坐标方位角的推算

因此，在推算路线前进方向的右侧，该转折角称为右角；如果在左侧，称为左角。从而可归纳出推算坐标方位角的一般公式为：

$$\alpha_{前} = \alpha_{后} + 180° + \beta_{左} \tag{4-24}$$

$$\alpha_{前} = \alpha_{后} + 180° - \beta_{右} \tag{4-25}$$

式中：$\alpha_{前}$——前一条边的坐标方位角；

$\alpha_{后}$——后一条边的坐标方位角。

计算中，如果 $\alpha > 360°$，应自动减去 $360°$；如果 $\alpha < 0°$，则自动加上 $360°$。

2．象限角

从标准方向的北端或南端起，顺时针或逆时针方向量算到直线的锐角，称为该直线的象限角，通常用 R 表示，其角值从 $0° \sim 90°$。图 4 – 18 中直线 OA 象限角 R_{OA}，是由标准方向北端起顺时针量算。直线 OB 象限角 R_{OB}，是由标准方向南端起逆时针量算。直线 OC 象限角 R_{OC}，是由标准方向南端起顺时针量算。直线 OD 象限角 R_{OD}，是由标准方向北端起逆时针量算。当用象限角表示直线方向时，除了要写象限的角值之外，还需清楚注明直线所在的象限名称，如 OA 的象限角 40°应写成 NE40°，OC 的象限角 50°，应写成 SW50°。

3．象限角与方位角的关系

坐标方位角和象限角是表示直线方向的两种方法。由图 4 – 19 可以看出坐标方位角与象限角之间的换算关系，换算结果见表 4 – 3。

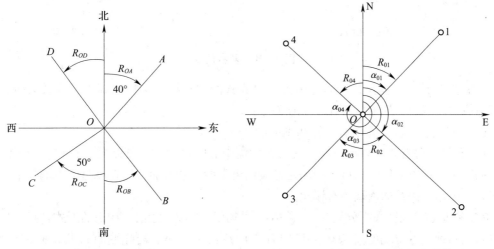

图 4 – 18　象限角　　　　　　　图 4 – 19　坐标方位角与象限角的关系

表 4 – 3　坐标方位角和象限角间的换算关系表

象　　限	角　　度	
	坐标方位角	象限角
第一象限	$a_{01} = R_{01}$	$R_{01} = a_{01}$
第二象限	$a_{02} = 180° - R_{02}$	$R_{02} = 180° - a_{02}$
第三象限	$a_{03} = 180° + R_{03}$	$R_{03} = a_{03} - 180°$
第四象限	$a_{04} = 360° - R_{04}$	$R_{04} = 360° - a_{04}$

4.5.3　罗盘仪的构造和使用

1. 罗盘仪的构造

罗盘仪是利用磁针测定直线磁方位角与磁象限角的仪器。其主要由望远镜、罗盘盒和基座三部分组成，如图 4 – 20 所示。

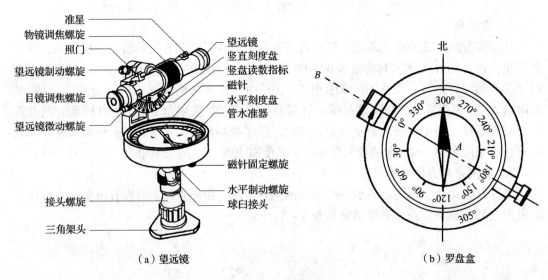

（a）望远镜　　　　　　　（b）罗盘盒

图 4 – 20　罗盘仪

（1）望远镜。罗盘仪的望远镜多为外对光式的望远镜，当物镜调焦螺旋转动时，物镜筒前后移动以使目标的像落在十字丝面上。

（2）罗盘盒。罗盘盒中有磁针和刻度盘。

1）磁针。磁针为一菱形磁铁，安放在度盘中心的顶针上，可以灵活转动。为了减少顶针的磨损，在不使用时，可采用固定螺旋使磁针脱离顶针而顶压在度盘的玻璃盖下。为了使磁针平衡，磁针的南端缠有铜丝。

2）刻度盘。刻度最小分划为 1°或 30′，平均每 10°做一注记，注记的形式包括方位式与象限式两种。方位式度盘从 0°起逆时针方向注记到 360°，可用它直接测定磁方位角，称为方位罗盘仪。象限式度盘从 0°直径两端起，对称地分别向左、向右各注记到 90°，并

且注明北（N）、南（S）、东（E）、西（W），可用它直接测定直线的磁象限角，称为象限罗盘仪。

（3）基座。基座是一种球臼结构，松开球臼接头螺旋，摆动罗盘盒使水准器气泡居中，再旋紧球臼连接螺旋，度盘处于水平位置。

2．罗盘仪的使用

（1）操作步骤。

1）对中。把仪器安置在直线的起点，并且对中。挂上垂球，移动脚架对中，对中精度不宜超过1cm。

2）整平。左手握住罗盘盒，右手稍松开安平连接定螺旋，如图4-20（a）所示，左手握住罗盘盒，稍加摆动罗盘盒，仔细地观察罗盘盒内的两个水准管的气泡，使它们同时居中，右手立即紧固安平连接螺旋。

3）照准和读数。松开磁针的固定螺旋，用望远镜照准直线的终点，待磁针静止后，读磁针北端的读数，即为该直线的磁方位角。如图4-20（b）磁方位角为305°。为了尽可能提高读数的精度和消除磁针的偏心差，还应读磁针南端读数，磁针南端读数±180°后，再与北端读数取平均值，即为该直线的磁方位角。

（2）使用注意事项。

1）应避免在会影响磁针的场所使用罗盘仪（如在高压线下，铁路上，铁栅栏、铁丝网旁边）。另外，观测者身上携带的手机、小刀，也会对磁针产生一定影响。

2）罗盘仪刻度盘分划一般为1°，应估读至15′。

3）为了避免磁针偏心差的影响，除了要读磁针北端读数外，还应读磁针南端读数。

4）由于罗盘仪望远镜视准轴与度盘0°~180°直径不能完全在同一竖直面，其夹角称为罗差，每台罗盘仪的罗差通常是不同的，因此不同罗盘仪所测量的磁方位角结果也不相同。为了统一测量成果，可用下面的方法求得罗盘仪的罗差改正数：

①使用这几台罗盘仪测量同一条直线，每台罗盘仪测得磁方位角不同，例如，第1台罗盘仪测得该直线方位为α_1，第2台测得方位角为α_2，第3台测得方位角为α_3，……。

②以其中一台罗盘仪的测得磁方位为标准，例如，假定以第1台罗盘仪测得磁方位角α_1为标准，则第2台罗盘仪所测得方位角应加改正数为（$\alpha_1-\alpha_2$），第3台罗盘仪所测得方位角应加改正数为（$\alpha_1-\alpha_3$），其余依此类推。

5）罗盘仪迁站和使用结束时，一定要把磁针固定好，避免磁针随意摆动而造成磁针与顶针的损坏。

5 全站仪与 GPS 全球定位系统

5.1 全站仪的测量

5.1.1 全站仪的原理及结构

全站仪，即全站型电子速测仪，是一种集光、机、电为一体的高技术测量仪器，是集水平角、垂直角、距离（斜距、平距）、高差测量功能于一体的测绘仪器系统。因其一次安置仪器就可完成该测站上全部测量工作，所以称之为全站仪。广泛用于地上大型建筑和地下隧道施工等精密工程测量或变形监测领域。

1. 原理

全站仪是一种集光、机、电为一体的新型测角仪器，与光学经纬仪比较电子经纬仪将光学度盘换为光电扫描度盘，将人工光学测微读数代之以自动记录和显示读数，使测角操作简单化，且可避免读数误差的产生。电子经纬仪的自动记录、储存、计算功能，以及数据通信功能，进一步提高了测量作业的自动化程度。

全站仪与光学经纬仪区别在于度盘读数及显示系统，电子经纬仪的水平度盘和竖直度盘及其读数装置是分别采用两个相同的光栅度盘（或编码盘）和读数传感器进行角度测量的。根据测角精度可分为 0.5″，1″，2″，3″，5″，10″等几个等级。

2. 结构

全站仪几乎可以用在所有的测量领域。电子全站仪由电源部分、测角系统、测距系统、数据处理部分、通信接口及显示屏、键盘等组成。

同电子经纬仪、光学经纬仪相比，全站仪增加了许多特殊部件，因此而使得全站仪具有比其他测角、测距仪器更多的功能，使用也更方便。这些特殊部件构成了全站仪在结构方面独树一帜的特点。

（1）同轴望远镜。全站仪的望远镜实现了视准轴、测距光波的发射、接收光轴同轴化。同轴化的基本原理是：在望远物镜与调焦透镜间设置分光棱镜系统，通过该系统实现望远镜的多功能，即可瞄准目标，使之成像于十字丝分划板，进行角度测量。同时其测距部分的外光路系统又能使测距部分的光敏二极管发射的调制红外光在经物镜射向反光棱镜后，经同一路径反射回来，再经分光棱镜作用使回光被光电二极管接收；为测距需要在仪器内部另设一内光路系统，通过分光棱镜系统中的光导纤维将由光敏二极管发射的调制红外光也传送给光电二极管接收，进而由内、外光路调制光的相位差间接计算光的传播时间，计算实测距离。

同轴性使得望远镜一次瞄准即可实现同时测定水平角、垂直角和斜距等全部基本测量要素的测定功能。加之全站仪强大、便捷的数据处理功能，使全站仪使用极其方便。

（2）双轴自动补偿。在仪器的检验校正中已介绍了双轴自动补偿原理，作业时若全站仪纵轴倾斜，会引起角度观测的误差，盘左、盘右观测值取中不能使之抵消。而全站仪特有的双轴（或单轴）倾斜自动补偿系统，可对纵轴的倾斜进行监测，并在度盘读数中对因纵轴倾斜造成的测角误差自动加以改正（某些全站仪纵轴最大倾斜可允许至 ±6′）。也可通过将由竖轴倾斜引起的角度误差，由微处理器自动按竖轴倾斜改正计算式计算，并加入度盘读数中加以改正，使度盘显示读数为正确值，即所谓纵轴倾斜自动补偿。

双轴自动补偿所采用的构造（现有水平，包括 Topcpn，Trimble）：使用一水泡（该水泡不是从外部可以看到的，与检验校正中所描述的不是一个水泡）来标定绝对水平面，该水泡是中间填充液体，两端是气体。在水泡的上部两侧各放置一发光二极管，而在水泡的下部两侧各放置一光电管，用以接收发光二极管透过水泡发出的光。而后，通过运算电路比较两二极管获得的光的强度。当在初始位置，即绝对水平时，将运算值置零。当作业中全站仪器倾斜时，运算电路实时计算出光强的差值，从而换算成倾斜的位移，将此信息传达给控制系统，以决定自动补偿的值。自动补偿的方式除由微处理器计算后修正输出外，还有一种方式即通过步进马达驱动微型丝杆，把此轴方向上的偏移进行补正，从而使轴时刻保证绝对水平。

（3）键盘。键盘是全站仪在测量时输入操作指令或数据的硬件。全站型仪器的键盘和显示屏均为双面式，便于正、倒镜作业时操作。

（4）存储器。全站仪存储器的作用是将实时采集的测量数据存储起来，再根据需要传送到其他设备如计算机等中，供进一步的处理或利用，全站仪的存储器有内存储器和存储卡两种。

全站仪内存储器相当于计算机的内存（RAM），存储卡是一种外存储媒体，又称 PC 卡，作用相当于计算机的磁盘。

（5）通信接口。全站仪可以通过 BS - 232C 通信接口和通信电缆将内存中存储的数据输入计算机，或将计算机中的数据和信息经通信电缆传输给全站仪，实现双向信息传输。

5.1.2　全站仪的分类

全站仪采用了光电扫描测角系统，其类型主要有：编码盘测角系统、光栅盘测角系统及动态（光栅盘）测角系统等三种，详见表 5 - 1。

表 5 - 1　全站仪的分类

序号	分类依据	内　　容
1	按外观结构分类	1）积木型（又称组合型）。早期的全站仪，大都是积木型结构，即电子速测仪、电子经纬仪、电子记录器各是一个整体，可以分离使用，也可以通过电缆或接口把它们组合起来，形成完整的全站仪
		2）整体型。随着电子测距仪进一步的轻巧化，现代的全站仪大都把测距、测角和记录单元在光学、机械等方面设计成一个不可分割的整体，其中测距仪的发射轴、接收轴和望远镜的视准轴为同轴结构。这对保证较大垂直角条件下的距离测量精度非常有利

续表 5-1

序号	分类依据	内　　容
2	按测量功能分类	1）经典型全站仪。经典型全站仪也称为常规全站仪，它具备全站仪电子测角、电子测距和数据自动记录等基本功能，有的还可以运行厂家或用户自主开发的机载测量程序
		2）机动型全站仪。在经典全站仪的基础上安装轴系步进电动机，可自动驱动全站仪照准部和望远镜的旋转。在计算机的在线控制下，机动型系列全站仪可按计算机给定的方向值自动照准目标，并可实现自动正、倒镜测量
		3）无合作目标型全站仪。无合作目标型全站仪是指在无反射棱镜的条件下，可对一般的目标直接测距的全站仪。因此对不便安置反射棱镜的目标进行测量，无合作目标型全站仪具有明显优势
		4）智能型全站仪。在机动化全站仪的基础上，仪器安装自动目标识别与照准的新功能，因此在自动化的进程中，全站仪进一步克服了需要人工照准目标的重大缺陷，实现了全站仪的智能化。在相关软件的控制下，智能型全站仪在无人干预的条件下可自动完成多个目标的识别、照准与测量，因此智能型全站仪又称为"测量机器人"
3	按测距仪测距分类	1）短距离测距全站仪。测程小于 3km，一般精度为 ±（5mm + 5ppm），主要用于普通测量和城市测量
		2）中测程全站仪。测程为 3～15km，一般精度为 ±（5mm + 2ppm），±（2mm + 2ppm）通常用于一般等级的控制测量
		3）长测程全站仪。测程大于 15km，一般精度为 ±（5mm + 1ppm），通常用于国家三角网及特级导线的测量

5.1.3　全站仪的测量功能

　　全站仪具有角度测量、距离（斜距、平距、高差）测量、三维坐标测量、导线测量、交会定点测量和放样测量等多种用途。内置专用软件后，功能还可进一步拓展。

　　全站仪的基本操作与使用方法：

1. 水平角测量

1）按角度测量键，使全站仪处于角度测量模式，照准第一个目标 A。

2）设置 A 方向的水平度盘读数为 0°00′00″。

3）照准第二个目标 B，此时显示的水平度盘读数即为两方向间的水平夹角。

2. 距离测量

1）设置棱镜常数。测距前须将棱镜常数输入仪器中，仪器会自动对所测距离进行改正。

2）设置大气改正值或气温、气压值。光在大气中的传播速度会随大气的温度和气压而变化，15℃和760mmHg是仪器设置的一个标准值，此时的大气改正为0ppm。实测时，可输入温度和气压值，全站仪会自动计算大气改正值（也可直接输入大气改正值），并对测距结果进行改正。

3）量仪器高、棱镜高并输入全站仪。

4）距离测量。照准目标棱镜中心，按测距键，距离测量开始，测距完成时显示斜距、平距、高差。

全站仪的测距模式有精测模式、跟踪模式、粗测模式三种。精测模式是最常用的测距模式，测量时间约2.5s，最小显示单位1mm；跟踪模式，常用于跟踪移动目标或放样时连续测距，最小显示一般为1cm，每次测距时间约0.3s；粗测模式，测量时间约0.7s，最小显示单位1cm或1mm。在距离测量或坐标测量时，可按测距模式（MODE）键选择不同的测距模式。

应注意，有些型号的全站仪在距离测量时不能设定仪器高和棱镜高，显示的高差值是全站仪横轴中心与棱镜中心的高差。

3. 坐标测量

1）设定测站点的三维坐标。

2）设定后视点的坐标或设定后视方向的水平度盘读数为其方位角。当设定后视点的坐标时，全站仪会自动计算后视方向的方位角，并设定后视方向的水平度盘读数为其方位角。

3）设置棱镜常数。

4）设置大气改正值或气温、气压值。

5）量仪器高、棱镜高并输入全站仪。

6）照准目标棱镜，按坐标测量键，全站仪开始测距并计算显示测点的三维坐标。

4. 全站仪的数据通信

全站仪的数据通信是指全站仪与电子计算机之间进行的双向数据交换。全站仪与计算机之间的数据通信的方式主要有两种，一种是利用全站仪配置的PCMCIA（个人计算机存储卡国际协会，简称PC卡，也称存储卡）卡进行数字通信，特点是通用性强，各种电子产品间均可互换使用；另一种是利用全站仪的通信接口，通过电缆进行数据传输。

5.1.4 全站仪使用操作步骤

1. 安置全站仪

将全站仪安置于测站，反射棱镜安置于目标点。对中及整平方法与光学经纬仪相同。新型全站仪还具有激光对点功能，其对中方法为：安置、整平仪器，开机后打开激光对点器，松开仪器的中心连接螺旋，在架头上轻移仪器，使显示屏上的激光对点器的光斑对准地面测站点的标志，然后拧紧连接螺旋，同时旋转脚螺旋使管水准气泡居中，再按ESC键自动关闭激光对点器即可。仪器具有双轴补偿器，整平后气泡略有偏差，但对测量并无影响。

2. 开机

打开电源开关（按下POWER键），显示器显示当前的棱镜常数和气象改正数及电源电压。如电量不足应及时更换电池。

3．仪器自检

转动照准部和望远镜各一周，对仪器水平度盘和竖直度盘进行初始化（有的仪器无须初始化）。

4．设置参数

棱镜常数的检查与设置：检查仪器设置的常数是否与仪器出厂时给定的常数或检定后的常数一致，不一致时应予以改正。气象改正参数设置：可直接输入气象参数（环境气温 t 与气压 p），或从随机所带的气象改正表中查取改正参数，还可利用公式计算，然后再输入气象改正参数。

5．进行角度、距离、坐标测量

在标准测量状态下，角度测量模式、斜距测量模式、平距测量模式和坐标测量模式之间可互相切换。全站仪精确照准目标后，通过不同测量模式之间的切换，可得到所需的观测值。

6．照准、测量

方向测量时应照准标杆或觇牌中心，距离测量时应瞄准反射棱镜中心，按测量键显示水平角、垂直角和斜距，或显示水平角、水平距离和高差。

7．结束

测量完成，关机。

5.1.5　全站仪的检验及注意事项

1．检验

（1）照准部水准轴应垂直于竖轴的检验和校正。检验时先将仪器大致整平，转动照准部使其水准管与任意两个脚螺旋的连线平行，调整脚螺旋使气泡居中，然后将照准部旋转180°，若气泡仍然居中则说明条件满足，否则应进行校正。

校正的目的是使水准管轴垂直于竖轴。即用校正针拨动水准管一端的校正螺钉，使气泡向正中间位置退回一半。为使竖轴竖直，再用脚螺旋使气泡居中即可。此项检验与校正必须反复进行，直到满足条件为止。

（2）十字丝竖丝应垂直于横轴的检验和校正。检验时用十字丝竖丝瞄准一清晰小点，使望远镜绕横轴上下转动，如果小点始终在竖丝上移动则条件满足，否则需要进行校正。

校正时松开四个压环螺钉（装有十字丝环的目镜用压环和四个压环螺钉与望远镜筒相连接）。转动目镜筒使小点始终在十字丝竖丝上移动，校好后将压环螺钉旋紧。

（3）横轴应垂直于竖轴的检验和校正。选择较高墙壁近处安置仪器，以盘左位置瞄准墙壁高处一点 p（仰角最好大于30°），放平望远镜在墙上定出一点 m_1。倒转望远镜，盘右再瞄准 p 点，又放平望远镜在墙上定出另一点 m_2。如果 m_1 与 m_2 重合，则条件满足，否则需要校正。校正时，瞄准 m_1、m_2 的中点 m，固定照准部，向上转动望远镜，此时十字丝交点将不对准 p 点。抬高或降低横轴的一端，使十字丝的交点对准 p 点。此项检验也要反复进行，直到条件满足为止。以上四项检验校正，以一、三、四项最为重要，在观测期间最好经常进行。每项检验完毕后必须旋紧有关的校正螺钉。

2．注意事项

1）使用前应先阅读说明书，对仪器进行全面的了解，然后着重学习一些基本操作，如测角、测距、测坐标、数据存储和系统设置。在此基础上再掌握其他如导线测量、放样等测量方法，然后可进一步学习并掌握存储卡的使用。

2）全站仪安置在三脚架之前，应检查三脚架的三个伸缩螺旋是否旋紧。利用连接螺旋仪器将其固定在三脚架上之后才能放开仪器。操作者在操作过程中不得离开仪器。

3）切勿在开机状态下插拔电缆。电缆和插头应保持清洁、干燥，插头如有污物应进行清理。

4）电子手簿应定期进行检定或检测，并进行日常维护。

5）电池充电时间不能超过专用充电器规定的充电时间，否则可能会将电池烧坏或缩短电池的使用寿命。如果使用快速充电器，一般只需 60～80min。电池如果长期不用，应每个月充一次电。存放温度宜为 0～40℃。

6）望远镜不能直接被太阳照准，以防损坏测距部发光二极管。

7）在阳光下或雨天测量使用时，应打伞遮阳和遮雨。

8）仪器应保持干燥，遇雨后应立即将仪器擦干，放在通风处，待仪器完全晾干后方可装箱。仪器应保持清洁、干燥。由于仪器箱密封程度很好，所以箱内潮湿将会损坏仪器。

9）凡迁站均应先关闭电源并将仪器取下装箱搬运。

10）全站仪长途运输或长久使用及温度变化较大时，宜重新测定并存储视准轴误差及竖盘指标差。

5.2　GPS 全球定位系统

5.2.1　GPS 卫星定位系统的概念及特点

GPS（Global Positioning System）即全球定位系统，是由美国建立的一个卫星导航定位系统，利用该系统，用户可以在全球范围内实现全天候、连续、实时的三维导航定位和测速；此外，利用该系统，用户还能够进行高精度的时间传递和高精度的精密定位。GPS 计划始于 1973 年，已于 1994 年进入完全运行状态。

近十多年来，GPS 定位技术在应用基础的研究、新应用领域的开拓及软硬件的开发等方面均取得了迅速的发展，使得 GPS 精密定位技术已经广泛地渗透到了经济建设和科学技术的许多领域，特别是在大地测量学及其相关学科领域，如地球力学、海洋大地测量学、地球物理勘探和资源勘察、工程测量、变形监测、城市控制测量、地籍测量等方面都得到了广泛应用。

GPS 定位系统的应用特点是全天候、高精度、多功能、高效率、操作简便、应用广泛等。

1. 定位精度高

应用实践已经证明，GPS 相对定位精度在 50km 以内可达 10^{-6}，100～500km 可达 10^{-7}，1000km 可达 10^{-9}。在 300～1500m 工程精密定位中，1 小时以上观测的解平面位置误差小于 1mm，与 ME－5000 电磁波测距仪测定的边长比较，其边长较差最大为 0.5mm，较差中误差为 0.3mm。

2. 观测时间短

随着 GPS 系统的不断完善和软件的不断更新，目前 20km 以内相对静态定位，仅需 15～20 分钟；快速静态相对定位测量时，当每个流动站与参考站相距在 15km 以内时，流动站观测时间只需 1～2 分钟，就可以实时定位。

3. 测站间不需要通视

GPS 测量不要求测站之间相互通视，只需要测站上空开阔即可，因此可节省大量的造标费用。因为无须点间通视，点的位置可按照需要选择，密度可疏可密，使选点工作变得非常灵活，也可省去传统大地网中的传算点、过渡点的测量工作。

4. 可提供三维坐标

传统大地测量通常是将平面与高程采用不同方法分别施测，而 GPS 可同时精确测定测站点的三维坐标（平面位置和高程）。目前通过局部大地水准面精化，GPS 水准可满足四等水准测量的精度。

5. 操作简便

随着 GPS 接收机的不断改进，自动化程度越来越高，有的已达"傻瓜化"的程度，接收机的体积越来越小，重量越来越轻，极大地减轻了测量工作的劳动强度，使野外测量工作变得轻松。

6. 全天候作业

目前，GPS 观测可以在一天 24 小时内的任何时间进行，不受起雾刮风、阴天黑夜、雨雪等气候变化的影响。

7. 功能多、应用广

GPS 定位系统不仅可用于测量、导航、变形监测，还可用于测速、测时。其中，测速的精度可达 0.1m/s，测时的精度可达几十毫微秒。其应用领域非常广泛并不断扩大，有着极其广阔的应用前景。

5.2.2　GPS 的基本组成

空间部分、地面控制部分和用户部分三大部分组成 GPS，如图 5－1 所示。

1. 空间部分

由位于地球上空的 24 颗平均轨道高度为 20200km 的卫星网组成，如图 5－2 所示。卫星轨道呈近圆形，运动周期为 11h58min。卫星分布在 6 个不同的轨道面上，轨道面与赤道平面的倾角为 55°，轨道相互间隔 120°，相邻轨道面邻星相位差为 40°，每条轨道上有 4 颗卫星。卫星网的这种布置格局，保证了地球上任何地点、任何时间能同时观测到 4 颗卫星，最多可观测到 11 颗，这对测量的精度有着重要的作用。卫星发射三种信号：精密的 P 码、非精密的捕获码 C/A 和导航电文。

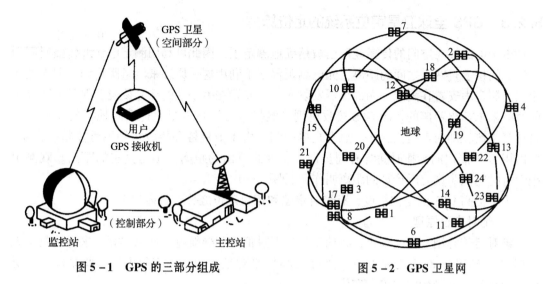

图 5-1　GPS 的三部分组成　　　　图 5-2　GPS 卫星网

2．地面控制部分

　　地面控制部分包括一个设在美国的科罗拉多的主控站，负责对地面监控站的全面监控；另外，四个监控站分别设在夏威夷、印度洋的迭哥伽西亚、大西洋的阿松森岛和南太平洋的卡瓦加兰，如图 5-3 所示。监控站内装有用户接收机、气象传感器、原子钟及数据处理计算机。主控站根据各监测站观测到的数据推算和编制的卫星星历、导航电文、钟差和其他控制指令，通过监控站注入相应卫星的存储系统。各站间通过现代化通信网络联系，各项工作实现了高度的自动化和标准化。

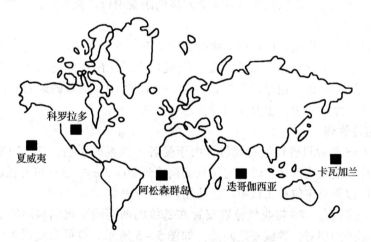

图 5-3　GPS 地面控制站的分布

3．用户部分

　　用户部分是各种型号的接收机，一般由天线、信号识别与处理装置、微机、操作指示器与数据存储、精密振荡器及电源六部分组成。接收机的主要功能是接收卫星传播的信号并利用本身的尾随机噪声码取得观测量及包含卫星位置和钟差改正信息的导航电文，然后计算出接收机所在的位置。

5.2.3　GPS 全球卫星定位系统的定位原理

由于电磁波在空间的传播速度已被精确地测定了，因此可利用测定电磁波传播时间的方法，间接求得两点之间的距离，光电测距仪正是利用这一原理来测量距离的。但光电测距仪是测定由安置在测线一端的仪器发射光，经安置在另一端的反光棱镜反射回来所经历的时间来求算出距离的。而 GPS 接收机则是测量电磁波从卫星上传播到地面的单程时间来计算距离，即前者是往返测，后者是单程测。由于卫星钟和接收机钟不可能精确同步，所以用 GPS 测出的传播时间含有同步误差，因此算出的距离并不是真实的距离。观测中把含有时间同步误差所计算的距离叫作"伪距"。

为了提高 GPS 的定位精度，有绝对定位和相对定位之分，具体如下。

1. 绝对定位原理

绝对定位是用一台接收机，将捕获到的卫星信号和导航电文加以解算，求得接收机天线相对于 WGS - 84 坐标系原点（地球质心）绝对坐标的一种定位方法。此原理被广泛用于导航和大地测量中的单点定位。

由于单程测定时间只能测量到伪距，所以必须加以改正。对于卫星的钟差，可以利用导航电文中给出的有关钟差参数加以修正，而接收机中的钟差一般难以预先确定，通常把它作为一个未知参数，与观测站的坐标在数据处理中一起求解。

求算测站点坐标实质上是空间距离的后方交会。在一个观测站上，原则上必须有 3 个独立的观测距离才可以算出测站的坐标，这时观测站应位于以 3 颗卫星为球心，相应距离为半径的球面与地面交线的交点上。因此接收机对这 3 颗卫星的点位坐标分量再加上钟差参数，共有 4 个未知数，所以至少需要 4 个同步伪距观测值。换言之，至少要同时观测 4 颗卫星，如图 5 -4 所示。

在绝对定位中，根据用户接收机天线所处的状态，可分为动态绝对定位和静态绝对定位。当接收机安装在运动载体（如车、船、飞机）上，求出载体的瞬间位置叫动态绝对定位。若接收机固定在某一地点处于静止状态，通过对 GPS 卫星的观测确定其位置叫静止绝对定位。在公路勘测中，主要使用静止定位方法。

2. 相对定位原理

使用一台 GPS 接收机进行绝对定位，由于受各种因素的影响，其定位精度较低，一般静态绝对定位只能精确到米，动态定位只能精确到 $10 \sim 30m$。这一精度远远达不到工程测量的要求。所以相对定位在工程中广泛使用。

相对定位是将两台 GPS 接收机分别安置在基线的两端同步观测相同的卫星，以确定基线端点在坐标系的相对位置或基线向量，如图 5 - 5 所示。也可以使用多台接收机分别安置在若干条基线的端点上，通过同步观测以确定各条基线的向量数据。相对定位对于中等长度的基线，其精度可达 $10^{-7} \sim 10^{-6}$。相对定位也可按用户接收机在测量过程中所处的状态分静态定位和动态定位两种。

（1）静态相对定位。由于接收机固定不动，可以有充分的时间通过反复观测取得多余观测数据，加之多台仪器同时观测，很多具有相关性的误差，利用差分技术能消去或削弱这些系统误差对观测结果的影响，所以静态相对定位的精度是很高的，在公路、桥隧控

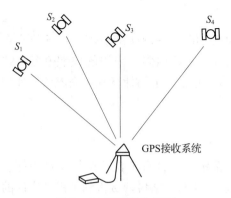

图 5-4 绝对定位原理

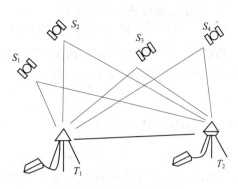

图 5-5 静态相对定位

制测量工作中均用此法。在实施过程中，为缩短观测时间，采用一种快速相对定位模式，即用一台接收机固定在参考站上，以确定载波的初始整周待定值，而另一台接收机在其周围的观测站流动，并在每一流动站上静止与参考站上的接收机进行同步观测，以测量流动站与固定站之间的相对位置。这种观测方式可以将每一站上的观测时间由数小时缩短为几分钟，而精度却没有降低。

（2）动态相对定位。动态相对定位是将一台接收机设置在参考点上不动，另一台接收机安置在运动的载体上，两台接收机同步观测 GPS 卫星，从而确定流动点与参考点之间的相对位置，如图 5-6 所示。

动态相对定位的数据处理有两种方式：一种是实时处理，另一种是测后处理。前者的观测数据无须存储，但难以发现粗差，精度较低；后者在基线长度为数公里的情况下，精度约为 1~2cm，比较常用。

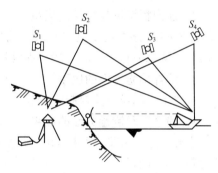

图 5-6 动态相对定位

5.2.4 GPS 卫星定位的实测程序

GPS 定位的实测程序主要是：方案设计→选点建立标志→外业观测→成果检核→内业数据。

1. 选点建立标志

点位应选在交通方便、利于安装接收设备并且视场开阔的地方。

GPS 点应避开对电磁波接收有强烈吸收、反射等干扰影响的金属和其他障碍物体，例如电台电视台、高压线、高层建筑和大范围水面等。

点位选定后，再按要求埋设标石，绘制点之记。

2. 外业观测

安置天线观测时，天线需安置在点位上。安置天线的操作程序为对中→整平、定向→量天线高。操作接收机的步骤如下：①在离开天线不远的地面上安装接收机。②再接通接收机到电源、天线、控制器的连接电缆。③预热和静置接收机，然后启动接收机采集数据。④接收机自动形成观测数据，并保存在接收机存储器中，以便随时调和处理。

3. 测量成果检核及数据处理

按照《全球定位系统（GPS）测量规范》GB/T 18314—2009 的要求，对各项检查内容严格检查，确保准确无误。由于 GPS 测量信息量大，数据多，采用的数字模型和解算方法有很多种，实际工作中，一般是应用电子计算机通过一定的计算程序完成数据处理工作。

5.2.5　GPS 卫星定位的应用

由于 GPS 是一种全天候、高精度的连续定位系统，且具有定位速度快、费用低、方法灵活多样和操作简便等特点，使其在测量、导航及其相关学科领域得到了极其广泛的应用。

GPS 定位技术在测量中的应用主要包括以下方面。

1. 控制测量方面的应用

GPS 定位技术可用于建立新的高精度的地面控制网，检核和提高已有地面控制网的精度，对已有的地面控制网实施加密，以满足城市规划、测量、建设和管理等方面的需要。

2. 航空摄影测量方面的应用

用 GPS 动态相对定位的方法可代替常规的建立地面控制网的方法，实时获得三维位置信息，从而节省大量的经费，而且精度高、速度快。

3. 海洋测量方面的应用

主要用于海洋测量控制网的建立、海洋资源勘探测量、海洋工程建设测量等。

4. 精密工程测量方面的应用

主要应用于桥梁工程控制网的建立、隧道贯通控制测量、海峡贯通与联接测量以及精密设备安装测量等。

5. 工程与地壳变形监测方面的应用

主要应用于地震监测、大坝的变形监测、建筑物的变形监测、地面沉降监测、山体滑坡监测等。

6. 地籍测量方面的应用

可用 GPS 快速静态定位或 RTK 技术来测定土地界址点的精确位置，以满足城区 5cm、郊区 10cm 的精度要求，既减轻了工作量又确保了精度。

在导航方面，由于 GPS 能以较好的精度瞬时定出接收机所在位置的三维坐标，实现实时导航，因而 GPS 可用于飞机、舰船、导弹以及汽车等各种交通工具和运动载体的导航。目前，它不仅广泛用于海上、空中和陆地运动目标的导航，而且在运动目标的监控与管理以及运动目标的报警与救援等方面也获得了成功的应用。如在智能交通系统中，利用 GPS 技术可实现对汽车的实时监测与调度，对运钞车的监控及各专业运输公司对车辆的监控等。

GPS 定位技术在航天器的姿态测量、航空、弹道导弹的制导、近地卫星的定轨，以及气象和大气物理的研究等领域也显示出了广阔的应用前景。

另外，利用 GPS 还可以进行高精度的授时，因此 GPS 将成为最方便、最精确的授时方法之一。它可以用于电力和通信系统中的时间控制。如目前已生产出的 GPS 手表，可提供导航、定位、计时等多种功能的服务。

尤其要提出的是，全球定位系统（GPS）与地理信息系统（GIS）、遥感技术（RS）相结合是当今地理信息科学发展的主要趋势。它可以充分发挥空间技术和计算机技术互补的优势，使地理信息科学应用于军事、国民经济、科研等各个领域乃至日常生活，产生不可估量的社会效益和经济效益。

6 小地区控制测量

6.1 控制测量概述

6.1.1 控制测量的概念

1. 控制网
在测区范围内选择若干有控制意义的点（称为控制点），按一定的规律和要求构成网状几何图形，称为控制网。

控制网分为平面控制网和高程控制网。

2. 控制测量
用精密的测量仪器、工具和相应的方法，准确地测定出各控制点位置的工作，称为控制测量。

测定控制点平面位置（x、y）的工作，称为平面控制测量。

测定控制点高程（H）的工作，称为高程控制测量。

6.1.2 控制测量的特点

（1）平面控制测量。为测定控制点平面坐标而进行的。

（2）高程控制测量。为测定控制点高程而进行的。

（3）三维控制测量。为同时测定控制点平面坐标和高程或空间三维坐标而进行的。

在一定的区域内为地形测图或工程测量建立控制网（区域控制网）所进行的测量工作，分为平面控制测量和高程控制测量。平面控制网与高程控制网一般分别单独布设，也可以布设成三维控制网。

控制测量的基准面是大地水准面，与其垂直的铅垂线是外业的基准线。

大地水准面：由于海洋占全球面积的71%，故设想与平均海水面相重合，不受潮汐、风浪及大气压变化影响，并延伸到大陆下面处处与铅垂线相垂直的水准面称为大地水准面，它是一个没有褶皱、无棱角的连续封闭面。

6.1.3 控制测量的分类

根据不同的用途和范围，测量控制网可分为国家控制网、城市控制网、小区域控制网和图根控制网等形式。

1. 国家控制网
国家控制网是为了统一全国各地区、各单位的地形测量工作而在全国范围内建立的控制网，它一方面为地形测图和大型工程建设提供基本控制，另一方面也为研究地球整体的形状和大小提供资料。国家控制网分为国家平面控制网和国家高程控制网。依照施测精度，国家平面控制网和高程控制网均按一、二、三、四等四个等级布设，低级点受高级点逐级控制。

（1）国家平面控制网的布设。国家平面控制网是确定地物、地貌平面位置的坐标体系，按控制等级和施测精度分为一、二、三、四等网。目前提供使用的国家平面控制网含三角点、导线点共 154348 个，构成 1954 年北京坐标系、1980 年西安坐标系两套系统。国家平面控制网主要布设成三角网，采用三角测量的方法建立。

（2）国家高程控制网的布设。国家高程控制网是确定地物、地貌海拔的坐标系统，按控制等级和施测精度分为一、二、三、四等网。目前，提供使用的 1985 年国家高程系统共有水准点成果 114041 个，水准路线长度为 416619.1km。国家高程控制网以大地水准面为基准面，以水准原点为全国统一起算点，采用精密水准测量的方法建立。

2．城市控制网

在城市范围内，为测绘大比例尺地形图、进行市政工程和建筑工程施工放样，在国家控制网的控制下建立的控制网称为城市控制网。城市控制网属于区域控制网，它是国家控制网的发展和延伸，为城市规划、地籍管理、市政建设和城市管理等提供基本控制点。

（1）城市平面控制网。城市平面控制网的类型有导线网、GPS 网、三角网和边角网，其中 GPS 网、三角网和边角网的精度等级依次为一、二、三、四等和一、二级；导线网的精度等级依次为三、四等和一、二、三级。在城市平面控制网的基础上，可布设直接为测绘大比例尺地形图所用的图根小三角和图根导线。

（2）城市高程控制网。城市高程控制网主要是水准网，等级依次分为二、三、四等，在四等以下再布设直接为测绘大比例尺地形图用的图根水准测量。城市首级高程控制网不应低于三等水准，应布设成闭合环线；加密网可布设成附合路线、结点网和闭合环，一般不允许布设水准支线。电磁波测距三角高程测量可代替四等水准测量；经纬仪三角高程测量主要用于山区的图根控制及位于高层建筑物上平面控制点的高程测定。

3．小区域控制网

在面积小于 15km² 时，为测绘大比例尺地形图而建立的控制网称为小区域控制网；在这个范围内，不考虑地球曲率对水平角和水平距离的影响，因而采用直角坐标系统。建立小区域控制网时，应尽量与国家或城市已建立的高级控制网联测，将高级控制点的坐标和高程作为小区域控制网的起算和校核数据。如果周围没有国家或城市控制点，或附近的国家控制点不能满足联测的需要，可以建立独立控制网。此时控制网的起算坐标和高程可自行假定，坐标方位角可用测区中央的磁方位角代替。

小区域平面控制网应根据测区面积的大小按精度要求分级建立。在全测区范围内建立的精度最高的控制网，称为首级控制网；直接为测图而建立的控制网，称为图根控制网。首级控制网和图根控制网的关系见表 6-1。

表 6-1 首级控制网和图根控制网的关系

测区面积（km²）	首级控制网	图根控制网
1~10	一级小三角或一级导线	两级图根
0.5~2	二级小三角或二级导线	两级图根
0.5 以下	图根控制	

小区域高程控制网也应根据测区面积大小和工程要求采用分级的方法建立。在全测区范围内建立三、四等水准路线和水准网，再以三、四等水准点为基础，测定图根点的高程。

4．图根控制网

图根控制网中的控制点称为图根控制点，简称图根点。测定图根点位置的工作称为图根控制测量。图根平面控制网一般应在测区的首级控制网或上一级控制网下，采用图根三角锁（网）、图根导线的方法布设，但不宜超过两次附合；局部地区可采用交会定点法等加密图根点，亦可采用 GPS 测量方法布设。图根高程控制网采用水准测量和三角高程测量的方法布设。

图根控制点的密度（包括高级控制点）取决于测图比例尺和地形的复杂程度。平坦开阔地区图根点的密度一般不低于表 6 – 2 的规定；地形复杂地区、城市建筑密集区和山区还应适当加大图根点的密度。

表 6 – 2　图根点的密度

测图比例尺	1：500	1：1000	1：2000	1：5000
$1km^2$ 图根点的点数	150	50	15	5
每幅图（50cm×50cm）的图根点个数	8～10	12	15	20

6.1.4　控制测量的建立方法

常用三角测量、导线测量、三边测量和边角测量等方法建立。

1．三角测量

三角测量是建立平面控制网的基本方法之一。但三角网（锁）要求每点与较多的邻点相互通视，在隐蔽地区常需建造较高的觇标。

2．导线测量

导线测量布设简单，每点仅需与前后两点通视，选点方便，特别是在隐蔽地区和建筑物多而通视困难的城市，应用起来方便灵活。随着电磁波测距仪的发展，导线测量的应用日益广泛。

3．三边测量

三边测量要求丈量网中所有的边长。应用电磁波测距仪测定边长后即可进行解算。此法检核条件少，推算方位角的精度较低。

4．边角测量法

边角测量法既观测控制网的角度，又测量边长。测角有利于控制方向误差，测边有利于控制长度误差。边角共测可充分发挥两者的优点，提高点位精度。在工程测量中，不一定观测所有的角度和边长，可以在测角网的基础上加测部分边长，或在测边网的基础上加测部分角度，以达到所需要的精度。

5．小三角测量

小三角测量是在小测区建立平面控制网的一种方法，它多用于小测区的首级平面控制或三、四等三角网以下的加密，作为扩展直接用于地形测图的图根控制网（点）的基础。此外，交会定点法也是加密平面控制点的一种方法。在 2 个以上已知点上对待定点观测水平角，而求出待定点平面位置的，称为前方交会法；在待定点对 3 个以上已知点观测水平角，而求出待定点平面位置的，称为后方交会法。

6.2 导 线 测 量

6.2.1 导线测量的概述

导线测量是建立小区域平面控制网的常用方法之一。在测区范围内选择若干个控制点，依相邻次序连接各控制点而形成的连续折线，称为导线；构成导线的控制点，称为导线点。测量导线边长及相邻导线边之间的水平夹角（转折角），再根据起算边方位角和起点坐标推算各导线点平面坐标的工作称为导线测量。其中，用经纬仪观测转折角，用钢尺丈量导线边长的导线测量，称为经纬仪导线测量；若用电磁波测距仪测定导线边长，则称为经纬仪电磁波测距导线；当用普通视距测量的方法测定导线边长时，则称为经纬仪视距导线。

导线测量布设较灵活，精度均匀，边长便于测定，容易克服地形障碍，只要求两相邻导线点间通视即可，故可降低觇标高度，造标费用少且便于组织观测。导线测量适宜布设在建筑物密集、视野不甚开阔的地区，也适于用做狭长地带的控制测量。但是导线结构简单，没有三角网那样多的检核条件，不易发现粗差，可靠性不高。随着电磁波测距仪和全站仪的普及，测距更加方便，测量精度和自动化程度均得到很大提高，从而使导线测量的应用日益广泛，已成为中、小城市等地区建立平面控制网的主要方法。其等级与主要技术要求见表 6 – 3。

表 6 – 3 导线的等级与主要技术要求

测距方式	导线等级	导线长度（m）	平均边长（m）	边长测量相对误差或中误差（mm）	测角中误差（″）	DJ$_6$测回数	方位角闭合差（″）	导线全长相对闭合差	备注
钢尺量距	一级	2500	250	≤1/20000	≤5	4	$\pm 10''\sqrt{n}$	≤1/10000	n 为测站数，M 为测图比例尺分母
	二级	1800	180	≤1/15000	≤8	3	$\pm 16''\sqrt{n}$	≤1/7000	
	三级	1200	120	≤1/10000	≤12	2	$\pm 24''\sqrt{n}$	≤1/5000	
	图根	$1\times 1M$	≤1.5 倍测图最大视距	≤1/30000	≤20	1	$\pm 40''\sqrt{n}$	≤1/2000	
电磁波测距	一级	3600	300	不超过 ±15	≤5	4	$\pm 10''\sqrt{n}$	≤1/14000	
	二级	2400	200	不超过 ±15	≤8	3	$\pm 16''\sqrt{n}$	≤1/10000	
	三级	1500	120	不超过 ±15	≤12	2	$\pm 24''\sqrt{n}$	≤1/6000	
	图根	$1.5\times 1M$		不超过 ±15	≤20	1	$\pm 40''\sqrt{n}$	≤1/4000	

根据测区自然地形条件、已知点的分布情况以及测量工作的实际需要，通常可将导线布设成以下三种形式。

1. 闭合导线

由某一已知高级控制点出发，经过若干点的连续折线后仍回至起点，形成一个闭合多边形的导线，称为闭合导线。如图 6 - 1 所示，从控制点 P_1 出发，经导线点 P_2、P_3、P_4、P_5、P_6、P_7，再回到 P_1 点形成一个闭合多边形。闭合导线布点时应尽量与高级控制点相连接，如图 6 - 1 中 P_1、A 两个点为已知点，这样根据它们求算出的坐标便纳入到国家统一的坐标系统内，其本身存在着严密的几何条件，具有检核作用。如果确实无法与高级控制网连接，也可采用假定的独立坐标系统。闭合导线一般适合在面积较宽阔的独立块状地区布设。

2. 附合导线

自某一已知高级控制点出发，经过若干点的连续折线后，附合到另一个已知高级控制点上的导线，称为附合导线。如图 6 - 2 所示，从一个已知控制点 P_1 出发，经导线点 P_2、P_3、P_4 点后，附合到了另一个已知控制点 P_5 上。导线的这种布设形式具有检核观测成果的作用，适用于带状测区布设，如道路、管道、渠道等的勘测工作。

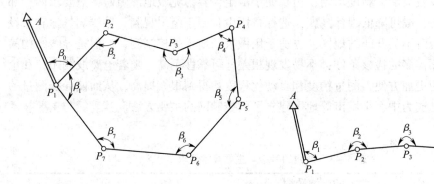

图 6 - 1　闭合导线　　　　　　　　　图 6 - 2　附合导线

3. 支导线

从一个已知控制点出发，经过若干转折后，既不附合到另一已知控制点，也不闭合到

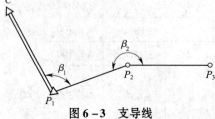

图 6 - 3　支导线

原起点的单一导线称为支导线。如图 6 - 3 所示，从已知控制点 P_1 出发，经过 P_2，终止于未知点 P_3。由于支导线缺乏校核条件，不易发现测算中的错误，所以当导线点的数目不能满足测图需要时，一般只允许布设 2~3 个点组成支导线，仅适用于局部图根控制点的加密。

6.2.2　导线测量的外业工作

1. 踏勘选点及建立标志

在踏勘选点前，应调查收集测区已有的地形图和高一级控制点的成果资料，然后到现场踏勘，了解测区现状和寻找已知点。根据已知控制点的分布、测区地形条件和测图及工程要求等具体情况，在测区原有地形图上拟定导线的布设方案，最后到实地去踏勘、校对、修改、落实点位和建立标志。

选点时应注意以下几点：

1）邻点之间通视良好，便于测角和量距。

2）点位应选在土质坚实，便于安置仪器和保存标志的地方。

3）视野开阔，便于施测碎部。

4）导线各边的长度应大致相等，除特殊情况外，不应大于350m，也不宜小于50m，平均边长见表6-4。

表6-4 边角网的主要技术指标

等级	平均边长（km）	测距中误差（km）	测距相对中误差
二等	9	≤±30	≤1/30万
三等	5	≤±30	≤1/16万
四等	2	≤±16	≤1/12万
一级	1	≤±16	≤1/6万
二级	0.5	≤±16	≤1/3万

5）导线点应有足够的密度，分布较均匀，便于控制整个测区。导线点选定后，应在点位上埋设标志。一般常在点位上打一大木桩，在桩的周围浇上混凝土，桩顶钉一小钉（见图6-4）；也可在水泥地面上用红漆画一圈，圈内打一水泥钉或点一小点，作为临时性标志。若导线点需要保存较长时间，应埋设混凝土桩，桩顶嵌入带"十"字的金属标志，作为永久性标志（见图6-5）。导线点应按顺序统一编号。为了便于寻找，应量出导线点与附近固定而明显的地物点的距离，绘制一草图，注明尺寸（见图6-6），称为"点之记"。

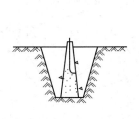

图6-4 临时性导线点

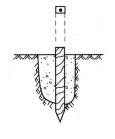

图6-5 永久性导线点

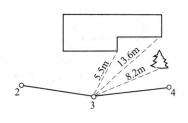

图6-6 点之记

2. 量边

导线量边一般用钢尺或高精卷尺直接丈量，如有条件，最好用光电测距仪直接测量。钢尺量距时，应用检定过的30m或50m钢尺。对于一、二、三级导线，应按钢尺量距的精密方法进行丈量。对于图根导线，用一般方法往返丈量或同一方向丈量两次，取其平均值。丈量结果要满足表6-5的要求。

表6-5　各级钢尺量距导线测量主要技术指标

等级	测图比例尺	附合导线长度（m）	平均边长（m）	往返丈量较差的相对中误差	测角中误差（"）	导线全长相对闭合差 K	测回数 DJ₂	测回数 DJ₆	方位角闭合差（"）
一级		3600	300	1/20000	±5	1/10000	2	4	±10√n
二级		2400	200	1/15000	±8	1/7000	1	3	±10√n
三级		1500	120	≤1/10000	±12	1/5000	1	2	±10√n
图根	1:500	500	75	1/3000	±20	1/2000		1	±10√n
	1:1000	1000	120						
	1:2000	2000	200						

注：本表摘自《城市测量规范》CJJ 8—1999，此规范已被《城市测量规范》CJJ/T 8—2011 代替并废止。随着全站仪普遍应用，利用电磁测距非常方便。因此新规范删除了原规范中钢尺量距导线的技术要求。此处仅供参考。

3. 测角

测角方法主要采用测回法，各个角的观测次数与导线等级、使用的仪器有关，可参阅表6-5。对于图根导线，通常用DJ₆级光学经纬仪观测一个测回。若盘左、盘右测得的角值的较差不超过40"，取其平均值。

导线测量可测左角（位于导线前进方向左侧的角）或右角，在闭合导线中必须测量内角，如图6-7所示，（a）图应观测右角，（b）图应观测左角。

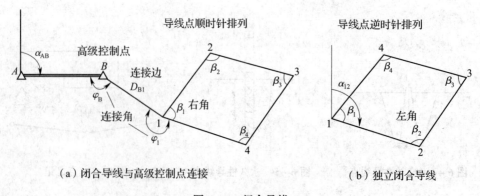

（a）闭合导线与高级控制点连接　（b）独立闭合导线

图6-7　闭合导线

4. 连测

若测区中有导线边与高级控制点连接时，应观测连接角。如图6-7（a）所示，必须

观测连接角 φ_B、φ_1 及连接边 D_{B1}，作为传递坐标方位角和坐标之用。如果附近没有高级控制点，应用罗盘仪施测导线起始边的磁方位角或用建筑物南北轴线作为定向的标准方向，并假定起始点的坐标作为起算数据。

6.2.3　导线测量的内业计算

　　导线测量的内业工作，就是根据已知的起算数据和外业观测成果，经过计算求得各导线点的平面直角坐标 (x, y)，作为地形测量的基础。导线计算之前，应先全面检查外业测量记录是否齐全、有无记错或算错、成果是否符合精度要求、起算数据是否准确等。当确认外业数据信息无误后，绘制导线略图，将各导线点的编号、转折角的角值、导线边的边长、起始边与高级控制网的连接角、连接边或起始边的方位角等数据标于导线略图上，如图 6 – 8 所示。

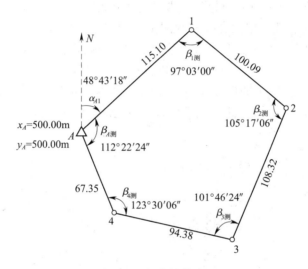

图 6 – 8　闭合导线略图

1. 闭合导线的内业

（1）计算与调整角度闭合差。

1）角度闭合差的计算。闭合导线在几何上是一个闭合多边形，若其边数为 n，则内角之和在理论上为：

$$\sum \beta_{理} = (n - 2) \times 180° \tag{6-1}$$

　　由于在角度测量的过程中不可避免地存在误差，因此实际测得的闭合导线内角之和 $\sum \beta_{测}$ 与理论值 $\sum \beta_{理}$ 往往不相等，它们之间的差值称为角度闭合差，以 f_β 表示，即：

$$f_\beta = \sum \beta_{测} - \sum \beta_{理} = \sum \beta_{测} - (n - 2) \times 180° \tag{6-2}$$

式中：n——闭合导线的转折角数；

　　　$\sum \beta_{测}$——观测角的角值总和。

　　2）角度闭合差的调整。角度闭合差的大小反映了水平角观测的质量，各级导线角度闭合差的容许值在表 6 – 3 中均有明确规定，由于园林测量中多采用图根控制，因此导线角度闭合差的容许值 $f_{\beta容}$ 为：

$$f_{\beta容} = \pm 40'' \sqrt{n} \qquad (6-3)$$

如果 $|f_\beta| > |f_{\beta容}|$，说明所测水平角不符合精度要求，应分析原因，予以改正或重测；若 $|f_\beta| \leq |f_{\beta容}|$，则表明观测成果符合精度要求，可对所测水平角进行平差计算。

由于角度观测是在同等条件下进行的，可以认为每个转折角所产生的误差是相等的，因此将角度闭合差按"符号相反，平均分配"的原则调整到各观测角。各角得到的闭合差分配值称为改正数，以 v_β 表示，即：

$$v_\beta = -\frac{f_\beta}{n} \qquad (6-4)$$

改正数分配值取至整数秒，如有余数部分，应酌情凑整，并以"秒"为单位分配给导线中短边相邻的角上，这是因为在短边测角时由于仪器对中、照准所引起的误差较大。分配结束后，改正数之和必须与角度闭合差大小相等，符号相反，改正之后的内角之和必须等于理论值，否则一定存在计算错误，需要查找并改正。

（2）推算坐标方位角。根据高级控制网中已知边的坐标方位角和测得的连接角，可以计算出导线起算边的坐标方位角，进而就能依次推算其余各导线边的坐标方位角。

闭合导线的内角分为左角（逆时针）和右角（顺时针）两种情况。如图6–9（a）所示，已知导线起算边 $A-1$ 的坐标方位角为 α_{A1}，各内角为右角（顺时针），调整角度闭合差后分别为 β_A、β_1、β_2、β_3、β_4，则其余各导线边的方位角推算为：

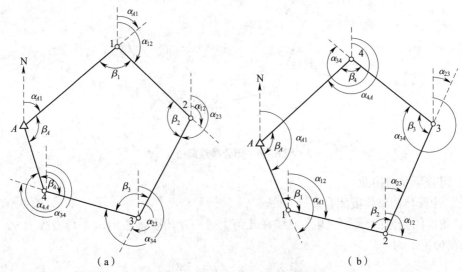

（a）　　　　　　　　　　　　（b）

图6–9　闭合导线坐标方位角的推算

$$\alpha_{12} = \alpha_{A1} + (180° - \beta_1)$$
$$\alpha_{23} = \alpha_{12} + (180° - \beta_2)$$
$$\alpha_{34} = \alpha_{23} + (180° - \beta_3)$$
$$\vdots$$
$$\alpha_{A1} = \alpha_{4A} + (180° - \beta_A)$$

由此，可以归纳出按导线后面一边的已知方位角 $\alpha_后$ 和导线右角 $\beta_右$，推算前进方向一边的方位角 $\alpha_前$ 的一般公式为：

$$\alpha_{前} = \alpha_{后} + (180° - \beta_{右}) \tag{6-5}$$

式中：$\alpha_{前}$、$\alpha_{后}$——相邻导线边中前、后边的坐标方位角；

　　　$\beta_{右}$——相邻两导线边所夹的右转折角。

在图 6-9（b）中，导线点是按逆时针方向编号的，其内角为左角，根据导线起算边 $A-1$ 的坐标方位角 α_{A1} 和调整角度闭合差后的左角值 β_A、β_1、β_2、β_3、β_4，同理可推算出其余各导线边的方位角，即：

$$\alpha_{12} = \alpha_{A1} - (180° - \beta_1)$$
$$\alpha_{23} = \alpha_{12} - (180° - \beta_2)$$
$$\alpha_{34} = \alpha_{23} - (180° - \beta_3)$$
$$\vdots$$
$$\alpha_{A1} = \alpha_{4A} - (180° - \beta_A)$$

由此，也可归纳出按导线后面一边的已知方位角 $\alpha_{后}$ 和导线左角 $\beta_{左}$，推算前进方向一边的方位角 $\alpha_{前}$ 的一般公式为：

$$\alpha_{前} = \alpha_{后} - (180° - \beta_{左}) \tag{6-6}$$

式中：$\beta_{左}$——相邻两导线边所夹的左转折角。

因为方位角的取值范围是 0°～360°，因此若使用式（6-5）或式（6-6）推算出的坐标方位角 $\alpha_{前} > 360°$ 或 $\alpha_{前} < 0°$，则其应减去 360° 或加上 360°。最后推算起算边的坐标方位角，其计算结果应该与原值相等，若不相等，说明计算有误，应重新检查计算。

（3）计算坐标增量。坐标增量是指导线边的终点坐标值与起点坐标值之差。如图 6-10 所示，导线边 $A-1$ 的起点为 A（x_A，y_A），终点为 1（x_1，y_1），A、1 之间的水平距离为 D_{A1}，坐标方位角为 α_{A1}，若用 Δx_{A1} 表示纵坐标增量，用 Δy_{A1} 表示横坐标增量，则 A 点到 1 点的坐标增量为：

$$\Delta x_{A1} = D_{A1}\cos\alpha_{A1}$$
$$\Delta y_{A1} = D_{A1}\sin\alpha_{A1}$$

由此，可得坐标增量的一般公式为：

$$\left.\begin{array}{l} \Delta x = D\cos\alpha \\ \Delta y = D\sin\alpha \end{array}\right\} \tag{6-7}$$

根据式（6-7），可以依次算出各导线边的坐标增量。坐标增量有正有负，其符号由坐标方位角所在象限的正弦和余弦值的符号决定，具体见表 6-6。

在已知导线边长和坐标方位角的情况下，利用式（6-7）推算坐标增量进而求出导线点的坐标称为坐标正算；反之，若已知 A 点和 1 点的坐标分别为（x_A，y_A）、（x_1，y_1），根据公式计算出两点间的坐标方位角和水平距离，则称为坐标反算，公式为：

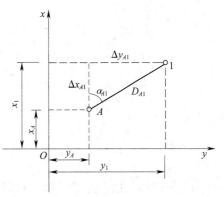

图 6-10　导线点间的坐标增量

$$D_{A1} = \sqrt{(x_1 - x_A)^2 + (y_1 - y_A)^2}$$
$$\alpha_{A1} = \arctan \frac{y_1 - y_A}{x_1 - x_A}$$
$(6-8)$

表 6 – 6　坐标增量的符号

坐标方位角所在象限	增 量 的 符 号	
	Δx	Δy
I	+	+
II	−	+
III	−	−
IV	+	−

（4）计算与调整坐标增量闭合差。

1）坐标增量闭合差。如图 6 – 11（a）所示，导线边的坐标增量可以看成是在坐标轴上的投影线段。从理论上讲，闭合多边形各边在 x 轴上的投影，其" $+\Delta x$ "的总和与" $-\Delta x$ "的总和应相等，即各边纵坐标增量的代数和应等于零；同样在 y 轴上的投影，其" $+\Delta y$ "的总和与" $-\Delta y$ "的总和也应相等，即各边横坐标量的代数和也应等于零。也就是说，闭合导线各边纵坐标增量之和 $\sum \Delta x$ 以及各边横坐标增量之和 $\sum \Delta y$ 的理论值都应等于零，即：

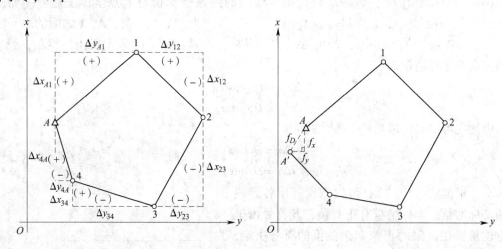

（a）坐标增量理论值之间的关系　　　（b）坐标增量闭合差导致导线不闭合的情况

图 6 – 11　闭合导线的闭合差

$$\sum \Delta x_{理} = 0$$
$$\sum \Delta y_{理} = 0$$
$(6-9)$

因为导线边长的测量和导线内角的测量都存在误差，由这些带有误差的数据推算而来的坐标增量也必然带有误差，所以计算出来的纵坐标增量之和 $\sum \Delta x_{测}$ 与横坐标增量之和

$\sum \Delta y_{测}$ 通常不会等于零，而等于某一个数值f_x、f_y，即：

$$\left.\begin{array}{l} f_x = \sum \Delta x_{测} \\ f_y = \sum \Delta y_{测} \end{array}\right\} \quad (6-10)$$

式中：f_x——纵坐标增量闭合差；

f_y——横坐标增量闭合差。

如图6-11（b）所示，由于存在坐标增量闭合差f_x、f_y，因此由坐标增量绘制出的闭合导线图形不能闭合，起点A和终点A'没有重合，而产生一个缺口，则A、A'之间的距离称为导线全长绝对闭合差，用f_D表示。从图6-11（b）可以看出，f_x和f_y正好是f_D在纵、横坐标轴上的投影长度，f_D与f_x、f_y构成了直角三角形，所以：

$$f_D = \sqrt{f_x^2 + f_y^2} \quad (6-11)$$

2）导线精度的衡量。导线全长闭合差f_D的产生是由于测角和量距中有误差存在，所以可用其衡量导线的观测精度，且必须采用相对闭合差来衡量。设导线的总长为$\sum D$，则f_D与$\sum D$之比称为导线全长相对闭合差，其比值为K，通常用分子为1的分数形式来表示。即：

$$K = \frac{f_D}{\sum D} = \frac{1}{\dfrac{\sum D}{f_D}} \quad (6-12)$$

导线全长相对闭合差K值越小，说明导线精度越高；如果K值过大，则说明导线测量结果不满足精度要求，应首先检查内业计算有无错误，若无错误，则应再检查外业观测数据，并对明显错误或可疑数据进行重测。

在测量中，不同等级的导线其全长相对闭合差的容许值不同，对于图根钢尺量距导线，一般要求不超过1/2000，即$K_{容} \leq 1/2000$。

3）坐标增量闭合差的调整。如果导线全长相对闭合差小于或等于容许值，即$K \leq K_{容}$，表明导线的精度符合要求，可对坐标增量闭合差进行调整，使改正后的坐标增量满足理论值。由于是等精度观测，所以增量闭合差的调整原则是将f_x、f_y的值按与边长成正比例分配在各边的坐标增量中，其符号则与坐标增量闭合差相反，即：

$$\left.\begin{array}{l} v_{xi} = -\dfrac{f_x}{\sum D} D_i \\[3mm] v_{yi} = -\dfrac{f_y}{\sum D} D_i \end{array}\right\} \quad (6-13)$$

式中：v_{xi}、v_{yi}——纵、横坐标增量闭合差的改正数；

D_i——改正数所对应的某导线边边长（$i = 1, 2, \cdots, n$）。

改正数的最小单位通常为厘米，其总和应分别等于"$-f_x$"和"$-f_y$"，并以此进行校核。实际计算中，由于四舍五入的原因会产生凑整误差，可将差数酌情分配给某边，改正后的坐标增量等于坐标增量的计算值加上其改正数。

（5）计算导线点的坐标。参照图6-11（a），根据导线起始点的已知坐标和调整闭合差后的坐标增量，便可依次推算出其余各导线点的坐标，即：

$$
\left.
\begin{aligned}
x_1 &= x_A + \Delta x_{A1} & y_1 &= y_A + \Delta y_{A1} \\
x_2 &= x_1 + \Delta x_{12} & y_2 &= y_1 + \Delta y_{12} \\
&\vdots & &\vdots \\
x_n &= x_{n-1} + \Delta x_{(n-1)n} & y_n &= y_{n-1} + \Delta y_{(n-1)n} \\
x_A &= x_n + \Delta x_{nA} & y_A &= y_n + \Delta y_{nA}
\end{aligned}
\right\}
$$

(6-14)

2. 附合导线的内业

附合导线的坐标计算步骤与闭合导线基本相同，只是在角度闭合差以及坐标增量闭合差的计算上稍有不同，下面仅介绍附合导线的内业计算与闭合导线不同之处。

(1) 计算与调整角度闭合差。

1) 角度闭合差的计算。如图6-12所示，附合导线连接在高级控制点 A、B (1) 和 C (5)、D 上，它们的坐标均已知，其坐标方位角分别是 α_{AB}、α_{CD}。从已知边 AB 出发，根据实际测得的转折角（左角或右角）推算至另一条已知边 CD，推算所得到的 CD 边方位角 α'_{CD} 与已知的 CD 边方位角 α_{CD} 之差称为附合导线的角度闭合差，用 f_β 表示。

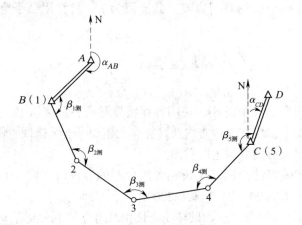

图6-12 附合导线略图

根据式 (6-6)，图6-12中附合导线（左角）各边的坐标方位角为：

$$
\left.
\begin{aligned}
\alpha_{B2} &= \alpha_{AB} - (180° - \beta_{1测}) \\
\alpha_{23} &= \alpha_{B2} - (180° - \beta_{2测}) \\
\alpha_{34} &= \alpha_{23} - (180° - \beta_{3测}) \\
\alpha_{4C} &= \alpha_{34} - (180° - \beta_{4测}) \\
\alpha'_{CD} &= \alpha_{4C} - (180° - \beta_{5测})
\end{aligned}
\right\}
$$

(6-15)

整理式 (6-15) 可得：

$$\alpha'_{CD} = \alpha_{AB} + \sum\beta_左 - n \times 180°$$

若所测角为导线的右角，则 $\alpha'_{CD} = \alpha_{AB} - \sum\beta_右 + n \times 180°$

上述计算中，每条边的方位角都应在 $0° \sim 360°$，若小于 $0°$，应加上 $360°$；若大于 $360°$，则应减去 $360°$。

附合导线的角度闭合差 f_β 为：

$$f_{\beta} = \alpha'_{CD} - \alpha_{CD} = \alpha_{AB} + \sum \beta_{左} - n \times 180° - \alpha_{CD}$$

即：

$$f_{\beta} = \alpha_{始} - \alpha_{终} + \sum \beta_{左} - n \times 180° \qquad (6-16)$$

式中：n——观测角 $\beta_{左}$ 的个数。

若转折角为右角，则：

$$f_{\beta} = \alpha_{始} - \alpha_{终} - \sum \beta_{右} + n \times 180° \qquad (6-17)$$

式中：n——观测角 $\beta_{右}$ 的个数。

2）角度闭合差的调整。当角度闭合差在容许范围内时，若观测的是左角，则把角度闭合差以相反的符号平均分配到各左角上；如果观测的是右角，则应把角度闭合差以相同的符号平均分配到各右角上。另外，在调整角度闭合差的过程中，转折角的个数应包括连接角。

（2）计算与调整坐标增量闭合差。如图 6 - 12 所示，坐标增量的计算应从已知点 B（1）开始，根据外业测得的各边边长和推算所得的各边方位角，由式（6 - 7）算出各边的坐标增量，直到已知点 C（5）结束。

理论上的各边纵、横坐标增量之和 $\sum \Delta x_{理}$、$\sum \Delta y_{理}$ 应分别等于两已知点 C（5）和 B（1）的纵、横坐标之差，但由于测角和量边都存在误差，计算出的 $\sum \Delta x_{测}$、$\sum \Delta y_{测}$ 与 $\sum \Delta x_{理}$、$\sum \Delta y_{理}$ 不相等，即 $\sum \Delta x_{测} \neq \sum \Delta x_{理}$、$\sum \Delta y_{测} \neq \sum \Delta y_{理}$，从而产生坐标增量闭合差。其计算公式为：

$$\left. \begin{aligned} f_x &= \sum \Delta x_{测} - \sum \Delta x_{理} = \sum \Delta x_{测} - (x_C - x_B) \\ f_y &= \sum \Delta y_{测} - \sum \Delta y_{理} = \sum \Delta y_{测} - (y_C - y_B) \end{aligned} \right\} \qquad (6-18)$$

计算出附合导线的坐标增量闭合差后，再计算出导线的绝对闭合差 f_D 和相对闭合差 K，如果满足精度要求，则对坐标增量闭合差进行调整。调整后，图 6 - 12 所示附合导线的纵、横坐标增量总和的理论值应等于 C（5）、B（1）两点的已知坐标值之差。最后便可根据控制点 B（1）的坐标以及调整改正后的坐标增量，逐点计算出其余各导线点的坐标。

6.3　交会定点测量

6.3.1　前方交会

前方交会是根据已知点坐标和观测角值计算待定点坐标的一种控制测量方法。在已知控制点上设站观测水平角，如图 6 - 13 所示，在已知点 A（x_A，y_A），B（x_B，y_B）上安置经纬仪（或全站仪），分别向待定点 P 观测水平角 α 和 β，便可以计算出 P 点的坐标。为保证交会定点的精度，在选定 P 点时，应使交会角 γ 处于 30° ~ 150°，最好接近 90°。

通过坐标反算，求得已知边 AB 的坐标方位角 α_{AB} 和边长 S_{AB}，然后根据观测角 α 可推算出 AP 边的坐标方位角 α_{AB}，由正弦定理可求出 AP 边的边长 S_{AP}。最

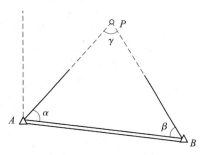

图 6 - 13　前方交会

终，依据坐标正算公式可求得待定点 P 的坐标，即：

$$\left.\begin{array}{l} x_p = x_A + S_{AP}\cos a_{AP} \\ y_p = y_A + S_{AP}\sin a_{AP} \end{array}\right\} \qquad (6-19)$$

当 $\triangle ABP$ 的点号 A（已知点）、B（已知点）、P（待定点）按逆时针编号时，可得到前方交会求待定点 P 的坐标的一种余切公式，即：

$$\left.\begin{array}{l} x_P = \dfrac{x_A\cot\beta + x_B\cot\alpha + (y_B - y_A)}{\cot\alpha + \cot\beta} \\[3mm] y_P = \dfrac{y_A\cot\beta + y_B\cot\alpha - (x_B - x_A)}{\cot\alpha + \cot\beta} \end{array}\right\} \qquad (6-20)$$

若 A、B、P 按顺时针编号，相应的余切公式为：

$$\left.\begin{array}{l} x_P = \dfrac{x_A\cot\beta + x_B\cot\alpha - (y_B - y_A)}{\cot\alpha + \cot\beta} \\[3mm] y_P = \dfrac{y_A\cot\beta + y_B\cot\alpha + (x_B - x_A)}{\cot\alpha + \cot\beta} \end{array}\right\} \qquad (6-21)$$

在实际工作中，为了检核交会点的精度，通常从三个已知点 A、B、C 分别向待定点 P 进行角度观测，分成两个三角形利用余切公式解算交会点 P 的坐标。若两组计算出的坐标的较差 e 在允许限差之内，取两组坐标的平均值作为待定点 P 的最后坐标。对于图根控制测量，两组坐标较差的限差规定为不大于 2 倍测图比例尺精度，即：

$$e = \sqrt{(x_P' - x_P'')^2 + (y_P' - y_P'')^2} \leqslant 0.2\mathrm{M} \qquad (6-22)$$

式中：M——测图比例尺分母。

6.3.2　后方交会

若只在待定点安置经纬仪（或全站仪），向三个已知控制点观测两个水平角 α 和 β，从而求出待定点的坐标，此种交会的方法称为后方交会。

如图 6-14 所示的后方交会中，A、B、C 为已知控制点，P 为待定点，通过在 P 点安置仪器，观测水平角 α、β、γ 和检查角 θ，即可唯一确定 P 点的坐标。测量上，由不在同一条直线上的三个已知点 A、B、C 构成的外接圆称为危险圆，若 P 点处在危险圆的圆周上，P 点将不能唯一确定；若接近危险圆（待定点 P 到危险圆圆周的距离小于危险圆半径的 1/5），确定 P 点的可靠性将很低。所以在用后方交会法布设野外交会点时应避免上述情况的发生。具体布点时，待定点 P 可以在已知点所构成的 $\triangle ABC$ 之外，也可以在其内（图6-14）。

后方交会的计算方法很多，下面给出一种实用公式（推导略）。

在图 6-14 中，设由三个已知点 A、B、C 所组成的三角形的三个内角分别为 $\angle A$、$\angle B$、$\angle C$，在 P 点对 A、B、C 三点观测的水平方向

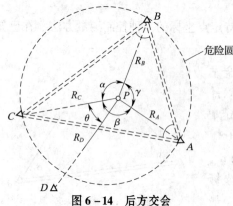

图 6-14　后方交会

值分别为 R_A、R_B、R_C，构成的三个水平角 α、β、γ 为：

$$\left.\begin{array}{l} \alpha = R_B - R_C \\ \beta = R_C - R_A \\ \gamma = R_A - R_B \end{array}\right\} \qquad (6-23)$$

设 A、B、C 三个已知点的平面坐标为 $(x_A,\ y_A)$、$(x_B,\ y_B)$、$(x_C,\ y_C)$，令：

$$\left.\begin{array}{l} P_A = \dfrac{1}{\cot A - \cot\alpha} = \dfrac{\tan\alpha\tan A}{\tan\alpha - \tan A} \\[3mm] P_B = \dfrac{1}{\cot B - \cot\beta} = \dfrac{\tan\beta\tan B}{\tan\beta - \tan B} \\[3mm] P_C = \dfrac{1}{\cot C - \cot\gamma} = \dfrac{\tan\gamma\tan C}{\tan\gamma - \tan C} \end{array}\right\} \qquad (6-24)$$

待定点 P 的坐标计算公式为：

$$\left.\begin{array}{l} x_P = \dfrac{P_A x_A + P_B x_B + P_C x_C}{P_A + P_B + P_C} \\[3mm] y_P = \dfrac{P_A y_A + P_B y_B + P_C y_C}{P_A + P_B + P_C} \end{array}\right\} \qquad (6-25)$$

如果将 P_A、P_B、P_C 看作是 A、B、C 三个已知点的权，则待定点 P 的平面坐标值就是三个已知点坐标的加权平均值。

实际工作时，为避免错误发生，通常应将 A、B、C、D 四个已知点分成两组，并观测交会角，计算出待定点 P 的两组坐标值，求其较差，若较差在限差之内，取两组坐标值的平均值作为待定点 P 的最终平面坐标。

6.3.3 测边交会

测边交会是一种测量边长交会定点的控制方法，又称三边交会。如图 6-15 所示，A、B、C 为已知点，P 为待定点，A、B、C 按逆时针排列，a、b、c 为边长观测数据。

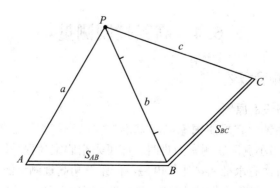

图 6-15 平面测边交会

依据已知点按坐标反算方法，反求已知边的坐标方位角和边长为 α_{AB}、α_{CB} 和 S_{AB}、

S_{CB}。在 $\triangle ABP$ 中，由余弦定理得 $\cos\angle A = \dfrac{S_{AB}^2 + a^2 - b^2}{2aS_{AB}}$，顾及 $\alpha_{AP} = \alpha_{AB} - \angle A$，则有：

$$\left.\begin{array}{l} x'_P = x_A + a\cos\alpha_{AP} \\ y'_P = y_A + a\sin\alpha_{AP} \end{array}\right\} \tag{6-26}$$

同理，在 $\triangle BCP$ 中有 $\cos\angle C = \dfrac{S_{CB}^2 + c^2 - b^2}{2cS_{CB}}$，顾及 $\alpha_{CP} = \alpha_{CB} + \angle C$，则有：

$$\left.\begin{array}{l} x''_P = x_C + c\cos\alpha_{CP} \\ y''_P = y_C + c\sin\alpha_{CP} \end{array}\right\} \tag{6-27}$$

根据式（6-26）、式（6-27）计算待定点的两组坐标，并计算其较差，若较差在允许限差之内，可取两组坐标值的算术平均值作为待定点 s 的最终坐标。

6.3.4　极坐标法

图 6-16 中，在已知点 A 上测出水平角 α 和水平距离 D_{AP}，在 B 点上测出水平角 β 和水平距离 D_{BP}，则有：

$$\alpha_{AP} = \alpha_{AB} - \alpha$$
$$\alpha_{BP} = \alpha_{BA} + \beta$$

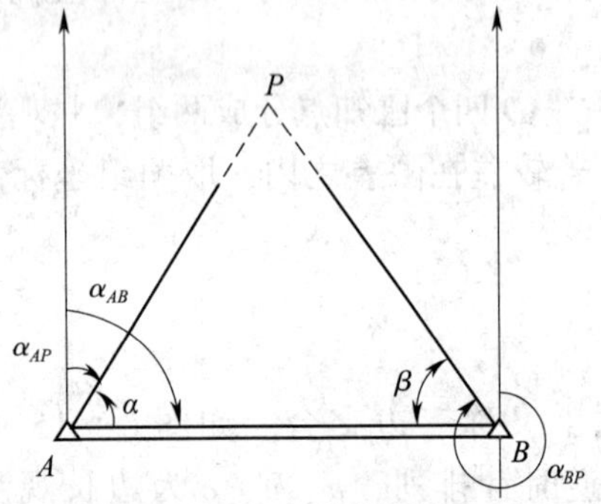

由 A 点计算 P 点坐标：

$$\left.\begin{array}{l} x_P = x_A + D_{AP}\cos\alpha_{AP} \\ y_P = y_A + D_{AP}\sin\alpha_{AP} \end{array}\right\} \tag{6-28}$$

由 B 点计算 P 点坐标：

$$\left.\begin{array}{l} x_P = x_B + D_{BP}\cos\alpha_{BP} \\ y_P = y_B + D_{BP}\sin\alpha_{BP} \end{array}\right\} \tag{6-29}$$

求得 P 点两组坐标之差若在限差之内，取平均值作为最后的结果。

图 6-16　前方交会

6.4　高程控制测量

6.4.1　高程控制测量概述

1. 高程控制点布设的原则

1）测区的高程系统，宜采用国家高程基准。在已有高程控制网的地区进行测量时，可沿用原高程系统。当小测区联测有困难时，亦可采用假定高程系统。

2）高程测量的方法有水准测量法、电磁波测距三角高程测量法。常用水准测量法。

3）高程控制测量等级依次划分为二、三、四、五等。各等级视需要，均可作为测区的首级高程控制。

2. 高程控制点布设方法

1）水准测量法的主要技术要求：各等级的水准点，应埋设水准标石。水准点应选在土质坚硬、便于长期保持和使用方便的地点。墙水准点应选设于稳定的建筑物上，点位应便于寻找，应符合规定。

一个测区及其周围至少应有 3 个水准点。水准点之间的距离，应符合规定。

水准观测应在标石埋设稳定后进行。两次观测高差较大超限时应重测。当重测结果与原测结果分别比较，其较差均不超过时限值时，应取三次结果数的平均值数。

2）设备安装过程中，测量时应注意：最好使用一个水准点作为高程起算点。当厂房较大时，可以增设水准点，但其观测精度应提高。

3）水准测量所使用的仪器，水准仪视准轴与水准管轴的夹角应符合规定。水准尺上的米间隔平均长与名义长之差应符合规定。

6.4.2　三角高程测量

当地面两点间的地形起伏较大而不便于施测时，可应用三角高程测量的方法测定两点间的高差，再求得高程。该法比水准测量精度低，但简便灵活、速度快，常用做山区各种比例尺测图的高程控制。如果用电磁波测距仪直接测定边长，用 DJ_6 光学经纬仪测定竖直角，再辅以相应的削弱观测误差的措施，其成果精度亦可达到四等水准测量的要求。

1. 三角高程测量的原理

如图 6 – 17 所示，A 点的高程 H_A 已知，欲求 B 点的高程 H_B。在 A 点安置经纬仪，在 B 点竖立觇标，量得仪器高 i 和觇标高（棱镜高）v，用经纬仪望远镜的中丝照准觇标顶部，观测竖直角 θ。

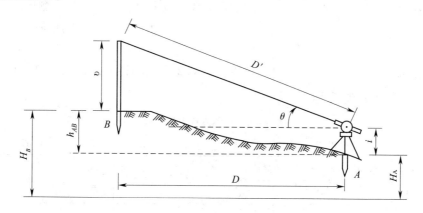

图 6 – 17　三角高程测量原理

若已知 A、B 两点间的水平距离为 D，则高差 h_{AB} 为：

$$h_{AB} = D\tan\theta + i - v \qquad (6-30)$$

如果测得 A、B 两点间的斜距 D'，则高差 h_{AB} 为：

$$h_{AB} = D'\sin\theta + i - v \qquad (6-31)$$

根据 A 点的已知高程 H_A，可求出 B 点的高程 H_B 为：

$$H_B = H_A + h_{AB} = H_A + D\tan\theta + i - v \qquad (6-32)$$

或
$$H_B = H_A + h_{AB} = H_A + D'\sin\theta + i - v \qquad (6-33)$$

当 A、B 两点距离大于 300m 时，应考虑地球曲率和大气折光对高差的影响，也称为两差改正，用 f 表示，其值为：

$$f = \frac{0.43D^2}{R} \qquad (6-34)$$

式中：D——两点间水平距离（m）；

　　　　R——地球半径，取平均值 6371km。

考虑两差改正后，高程的计算公式为：

$$H_B = H_A + h_{AB} + f = H_A + D\tan\theta + i - v + f \qquad (6-35)$$

为了提高观测精度，三角高程测量应进行往、返观测，即对向观测。图根控制测量中，经纬仪三角高程测量往、返测高差绝对值之差不大于限差时，可取平均值作为两点间的高差，高差符号取往测符号。限差为：

$$f_{h容} = \pm 0.4D \qquad (6-36)$$

式中：$f_{h容}$——高差限差（m）；

　　　　D——两点间水平距离（km）。

2．三角高程测量的方法

（1）外业观测与记录。如图 6－18 所示，在测区内选定 6 个点组成闭合导线，并按 1、2、3、4、5、6 的顺序编号，以进行三角高程测量。若已知基本等高距为 1m，$H_1 =$ 150.00m，则其余各导线点高程的外业测量步骤如下：

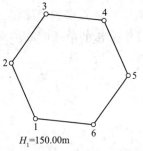

$H_1 = 150.00$m

图 6－18　三角高程测量导线图

1）安置经纬仪于高程已知的测站 1 上，量取仪高 i 和目标 2 的觇标高 v。

2）用盘左和盘右读取竖直度盘读数，测量出竖直角 θ。

3）测出各导线边的水平距离 D，电磁波测距仪也可测出斜距 D'。

4）仪器搬站到 2 点，瞄准 1 点，同法进行返测；观测记录见表 6－7。

表 6－7　三角高程测量记录

仪器号＿＿＿＿＿　班组＿＿＿＿＿　观测者＿＿＿＿＿　记录者＿＿＿＿＿　日期＿＿＿＿＿

测站	测点	仪器高 i（m）	觇标高 v（m）	竖直度盘读数 盘左	竖直度盘读数 盘右	竖直角 θ	指标差	备注
1	2	1.57	1.50	90°08′48″	269°51′24″	−0°08′42″	＋6″	盘左时竖盘注记
2	1	1.47	1.50	89°52′06″	270°08′06″	＋0°08′00″	＋6″	
2	3	1.52	1.50	90°12′48″	269°46′48″	−0°13′00″	−12″	
3	2	1.45	1.50	89°46′12″	270°14′00″	＋0°13′54″	＋6″	
3	4	1.49	1.50	89°45′48″	270°14′06″	＋0°14′09″	−3″	

续表 6 – 7

测站	测点	仪器高 i（m）	觇标高 v（m）	竖直度盘读数		竖直角 θ	指标差	备 注
				盘左	盘右			
4	3	1.53	1.50	90°14′36″	269°45′00″	−0°14′48″	−12″	
4	5	1.57	1.50	89°45′06″	270°14′30″	+0°14′42″	−12″	盘左时竖盘注记
5	4	1.45	1.50	90°14′24″	269°45′24″	−0°14′30″	−6″	
5	6	1.47	1.50	90°15′42″	269°44′06″	−0°15′48″	−6″	
6	5	1.54	1.50	89°44′30″	270°15′42″	+0°15′36″	+6″	
6	1	1.51	1.50	89°43′42″	270°16′24″	+0°16′21″	+3″	
1	6	1.48	1.50	90°16′18″	269°43′54″	−0°16′12″	+6″	

（2）内业整理与计算。内业计算时，应首先整理、检查外业观测数据，在确认合格后方可进行计算，最终求出各待测导线点的高程。

1）计算高差。根据式（6 – 30）或式（6 – 31）计算往测、返测的高差，然后计算两者较差，若不超出容许值，则取平均值作为最终高差值，符号与往测高差符号相同，具体结果见表 6 – 8。

表 6 – 8　三角高程测量高差计算

测站	觇点	觇法	θ（°′″）	D（m）	i（m）	v（m）	h（m）	$h_{平均}$（m）
1	2	往	−00842	149.20	1.57	1.50	−0.31	−0.32
2	1	返	+00800	149.20	1.47	1.50	+0.32	
2	3	往	−01300	137.71	1.52	1.50	−0.50	−0.51
3	2	返	+01354	137.71	1.45	1.50	+0.51	
3	4	往	+01409	106.53	1.49	1.50	+0.43	+0.43
4	3	返	−01448	106.53	1.53	1.50	−0.43	
4	5	往	+01442	77.34	1.57	1.50	+0.40	+0.39
5	4	返	+01430	77.34	1.45	1.50	−0.38	
5	6	往	−01548	77.95	1.47	1.50	−0.39	−0.39
6	5	返	+01536	77.95	1.54	1.50	+0.39	
6	1	往	+01621	110.95	1.51	1.50	+0.54	+0.54
1	6	返	−01612	110.95	1.48	1.50	−0.54	

2）计算高程。首先计算高差闭合差 $f_h = \sum h - (H_终 - H_始)$，再计算高差闭合差容许值 $f_{h容}$，即：

$$f_{h容} = \pm 0.1 H_d \sqrt{n} \qquad (6 - 37)$$

式中：$f_{h容}$——高差闭合差容许值（m）；

H_d——测图时所用基本等高距；

n——测站数。

当 $|f_h| \leq |f_{h容}|$ 时，说明精度达到要求，可进行高差闭合差的调整，高差改正数为：

$$v_{hi} = -\frac{f_h}{\sum D}D_i \tag{6-38}$$

式中：D_i——第 i 边的水平长度，$i = 1$，2，3，…

将各边的高差加上改正数，便得改正后高差；根据起点 1 的已知高程，就可逐点推算出图 6-18 中各待求导线点的高程。具体计算见表 6-9。

表 6-9　三角高程测量高程计算

点号	水平距离（m）	高差（m）	改正数（m）	改正后高差（m）	高程（m）	备　注
1					150.00	高程已知
	149.20	-0.32	-0.03	-0.35		
2					149.65	
	137.71	-0.51	-0.03	-0.54		
3					149.11	
	106.53	+0.43	-0.02	+0.41		
4					149.52	
	77.34	+0.39	-0.02	+0.37		
5					149.89	
	77.95	-0.39	-0.02	-0.41		
6					149.48	
	110.95	+0.54	-0.02	+0.52		
1					150.00	计算检核
Σ	659.68	+0.14	-0.14	0.00		
辅助计算	$f_h = \sum h = +0.14$（m） 当测图用基本等高距 $H_d = 1$m 时，$f_{h容} = \pm 0.1 H_d \sqrt{n} = \pm 0.1 \times 1 \times \sqrt{6} = \pm 0.24$（m） 因 $|f_h| < |f_{h容}|$，说明符合精度要求					

3. 提高三角高程测量精度的措施

1）缩短视线。当视线长 1000m 时，折光角通常只是 2″ 或 3″。在这样的距离上进行对向三角高程测量，其精度同普通水准测量相当。

2）对向观测垂直角。

3）选择有利的观测时间。一般情况下，中午前后观测垂直角最有利。

4）提高视线高度。

6.4.3　四等水准测量

1. 四等水准测量的技术要求

四等水准测量的精度要求高于普通水准测量，测量方法和技术要求也有所不同。四等水准网的建立是在一、二等水准网的基础上加密而成，以一、二等水准点为起止点建立附合水准路线或闭合水准路线，并尽可能相互交叉形成结点。四等水准路线一般以附合水准路线布设于高级水准点之间，长度不大于80km；布设成闭合水准路线时，不大于200km；其他技术指标见表6-10。

表6-10　四等水准测量的技术要求

等级	使用仪器	高差闭合差限差（mm）	视线长度（m）	前后视距差（m）	前后视距累积差（m）	黑红面读数差（mm）	黑红面高差之差（mm）	视线高度	备　注
四等	DS$_3$	$\pm 20\sqrt{L}$	≤100	≤3.0	≤10.0	≤3.0	≤5.0	三丝均能读数	L为附合路线或环线的长度，单位为km

2. 四等水准测量的观测方法

四等水准测量主要采用双面水准尺观测法，每一测站上，首先安置仪器，调整圆水准器使气泡居中，分别瞄准后、前视尺，估读视距，使前后视距差不超过表6-10中规定的限值；如超限，则需移动前视尺或水准仪，以满足要求。然后按下列顺序进行观测，并将结果记录于表6-11中。

表6-11　四等水准测量手簿

测站编号	点号	后尺 下丝 上丝 后视距离（m） 前后视距差 d（m）	前尺 下丝 上丝 前视距离（m） 累积差 Σd	方向及尺号	中丝水准尺读数（m） 黑面	中丝水准尺读数（m） 红面	K加黑面读数减红面读数（mm）	高差中数（m）	备注
		(1)	(5)	后	(3)	(8)	(13)		
		(2)	(6)	前	(4)	(7)	(14)	(18)	
		(9)	(10)	后－前	(16)	(17)	(15)		
		(11)	(12)						
1	$A \sim TP_1$	1.614	0.774	后1	1.384	6.171	0		1号尺 $K_1 = 4787$
		1.156	0.326	前2	0.551	5.239	-1	+0.8325	
		45.8	44.8	后－前	+0.833	+0.932	+1		
		+1.0	+1.0						

续表 6 – 11

测站编号	点号	后尺 下丝 上丝	前尺 下丝 上丝	方向及尺号	中丝水准尺读数（m） 黑面	中丝水准尺读数（m） 红面	K 加黑面读数减红面读数（mm）	高差中数（m）	备注
		后视距离（m）	前视距离（m）						
		前后视距差 d（m）	累积差 Σd						
2	$TP_1 \sim TP_2$	2.188	2.252						
		1.682	1.758	后2	1.934	6.622	-1		
		50.6	49.4	前1	2.008	6.796	-1	-0.0740	
				后-前	-0.140	-0.174	0		
		+1.2	+2.2						
3	$TP_2 \sim TP_3$	1.922	2.066						
		1.529	1.668	后1	1.726	6512	+1		2号尺
		39.3	39.8	前2	1.866	6554	-1	-0.1410	$K_2 = 4687$
				后-前	-0.140	-0.042	+2		
		-0.5	+1.7						
4	$TP_3 \sim B$	2.041	2.220						
		1.622	1.790	后2	1.832	6.520	-1		
		41.9	43.0	前1	2.007	6.793	+1	-0.1740	
				后-前	-0.175	-0.273	-2		
		-1.1	+0.6						
校核	$\sum (9) = 177.6$　$\sum (10) = 177.0$　$\sum d = \sum (9) - \sum (10) = +0.6$　$\sum D = \sum (9) + \sum (10) = 354.6$			$\sum (3) = 6.876$　$\sum (4) = 6.432$　$\sum (16) = \sum (3) - \sum (4) = +0.444$　$\sum (8) = 25.852$　$\sum (7) = 25.382$　$\sum (17) = \sum (8) - \sum (7) = +0.443$　$\sum (18) = [\sum (16) + \sum (17)] / 2 = +0.4435$					$\sum (18) = +0.4435$	

（1）读取后视尺黑面读数：下丝、上丝、中丝，分别填入表6 – 11 中（1）、（2）、（3）的位置上。

（2）读取前视尺黑面读数：中丝、下丝、上丝，分别填入表6 – 11 中（4）、（5）、（6）的位置上。

（3）读取前视尺红面读数：中丝，填入表6 – 11 中（7）位置上。

（4）读取后视尺红面读数：中丝，填入表6 – 11 中（8）位置上。

这样的观测顺序称为"后 – 前 – 前 – 后"，或者称为"黑 – 黑 – 红 – 红"，主要是为了抵消水准仪与水准尺下沉产生的误差，在地面坚硬的测区，也可采用"后 - 后 - 前 - 前"，即"黑 - 红 - 黑 - 红"的观测步骤。

3. 四等水准测量的计算与校核

（1）视距部分：

后视距离（9）=［（1）-（2）］×100

前视距离（10）=［（5）-（6）］×100

后、前视距差（11）=（9）-（10）

后、前视距累积差（12）=本站的（11）+前站的（12）

视距差和累积差的绝对值不得超过表6-10中规定的限值。

（2）高差部分：

后视尺黑、红面读数差（13）=K_1+（3）-（8）

前视尺黑、红面读数差（14）=K_2+（4）-（7）

上述两式中的K_1、K_2分别为两水准尺的黑、红面的起点差，又称尺常数；1号水准尺尺常数为K_1，2号水准尺尺常数为K_2，两水准尺交替前进，因此下一站要交换K_1和K_2在公式中的位置。读数差的绝对值不应超过表6-10中规定的限值。

黑面高差（16）=（3）-（4）

红面高差（17）=（8）-（7）

黑、红面高差之差（15）：（16）-（17）±0.100=（13）-（14），其绝对值也不得超过表6-10中规定的限值。

高差中数（18）=$\frac{1}{2}$×［（16）+（17）±0.100］，以此作为该两点测得的高差。

（3）每页计算的总检核。当整个水准路线测量完毕后，应逐页校核计算有无错误。校核时，首先分别计算出Σ（3）、Σ（4）、Σ（7）、Σ（8）、Σ（9）、Σ（10）、Σ（16）、Σ（17）、Σ（18），然后进行以下检查：

检查视距差：Σ（9）-Σ（10）=末站（12）

检查高差：Σ（16）=Σ（3）-Σ（4）

Σ（17）=Σ（8）-Σ（7）

当测站总数为奇数时，Σ（18）=$\frac{1}{2}$×［Σ（16）+Σ（17）±0.100］

当测站总数为偶数时，Σ（18）=$\frac{1}{2}$×［Σ（16）+Σ（17）］

最后算出水准路线总长度：ΣD=Σ（9）+Σ（10）。

（4）成果整理。根据四等水准测量高差闭合差的限差要求，采用普通水准测量的闭合差调整及高程计算方法，计算各水准点的高程。

4. 四等水准测量的注意事项

除了遵守普通水准测量的一般要求，还应注意以下几点：

1）用于水准测量的水准仪、水准尺要经常检验与校正，确保处于良好状态，能满足四等水准测量的需要，以保证测量成果的质量。

2）四等水准测量的观测应在通视良好、成像清晰稳定的情况下进行。

3）每一站上仪器和前、后视水准尺应尽量在一条直线上。

4）同一测站上观测，不得两次调焦，微倾螺旋最后旋转方向应为旋进。

5）四等水准测量采用双面尺中丝读数法进行单程观测，但支线必须往返观测，使用尺垫作转点。

6）为保证前、后视距大致相等，最好用皮尺确定仪器或标尺的位置。

7 | 地形图的测绘与应用

7.1 地形图基础

7.1.1 地形图的概念

地形包括地物和地貌。地形图测绘就是将地球表面某区域的地物和地貌按正射投影的方法和一定的比例尺，用规定的图标符号测绘到图纸上，这种表示地物和地貌平面位置和高程的图称为地形图。

地形测量的任务是测绘地形图。地形图测量应遵循的基本原则是"从整体到局部，先控制后碎部"，先按照测图的目的及测区的具体情况，建立平面及高程控制网，然后在控制点的基础上进行地物和地貌的碎部测量。

一般情况下应根据地面倾角（α）大小，确定地形类别：

平坦地：$\alpha < 3°$；

丘陵地：$3° \leqslant \alpha < 10°$；

山地：$10° \leqslant \alpha < 25°$；

高山地：$\alpha \geqslant 25°$。

7.1.2 地形图比例尺

1. 比例尺的种类

地形图比例尺的种类见表 7-1。

表 7-1 地形图比例尺的种类

种类	内　容
数字比例尺	地面上各种地物不可能按真实的大小描绘在图纸上，通常是将实地尺寸缩小为若干分之一来描绘的。图上某直线的长度与地面上相应线段实际的水平距离之比，称为地形图的比例尺。地形图的比例尺一般用分子为"1"的分数形式表示 　　设图上某一直线的长度为 d，地面上相应线段的距离为 D，则地形图比例尺为： $$\frac{d}{D} = \frac{1}{M} \qquad (7-1)$$ 式中：M——比例尺分母。 　　实际采用的比例尺一般有 $\frac{1}{500}$、$\frac{1}{1000}$、$\frac{1}{2000}$、$\frac{1}{5000}$、$\frac{1}{10000}$、$\frac{1}{25000}$ 等。比例尺的大小视分数值的大小而定，分数值愈大（即比例尺分母愈小），则比例尺亦愈大，分数值愈小，则比例尺亦愈小。以分数形式表示的比例尺叫数字比例尺。数字比例尺也可写成 1:500、1:1000、1:2000、1:5000、1:10000 及 1:25000 等形式。工程中通常采用 1:500 到 1:10000的大比例尺地形图

种类	内　　容
图示比例尺	如果应用数字比例尺来绘制地形图，每一段距离都要按上述式子化算，那是非常不方便的，通常用直线比例尺来绘制，三棱尺就是这种直线比例尺。为了用图方便，一般地形图上都绘有直线比例尺。还有一个原因就是图纸在干湿情况不同时是有伸缩的，图纸使用日久也要变形，若用木质的三棱尺去量图上的长度，则必然引进一些误差，若在绘图时就绘上直线比例尺，用图时以图上所绘的比例尺为准，则由于图纸伸缩而产生的误差就可基本消除。 　　如图 7－1 所示为 1:2000 的直线比例尺，其基本单位为 2cm，最左的基本单位分成二十等份，即每小份划为 1mm，表示相当于实地长度为 $1mm \times 2000 = 2$（m），而每个基本分划为 $2cm \times 2000 = 40$（m）。图中表示的一段距离为 2.5 个基本分划尺，50 个小分划，故其长度相当于实地的 100m。应用时，用两脚规的两脚尖对准图上要量距离的两点，然后把两脚规移至直线比例尺上，使一脚尖对准右边一个适当的大分划线，而使另一脚尖落在左边的小分划上，估读小分划的零数就能直接读出长度，无须再计算了。但这里又产生了一个问题，小分划的零数是估读的，不一定很精确。因此又有一种复式比例尺，也称斜线比例尺，可以减少估读的误差。 　40m　　20m　　　0　　　　　40　　　　　80　　　　100 **图 7－1　直线比例尺** 　　图 7－2 为 1:1000 的复式比例尺。应用时，用两脚规的两脚在图上截得两点后，将一脚置于右边的某基本单位的分划线上，上下移动两脚规，使另一脚尖恰好落在斜线与横线的某交点上，进行读数。根据复式比例尺的原理，能直接量取到基本单位的 1/100。 **图 7－2　复式比例尺** 　　直线比例尺和斜线比例尺都是绘制成图的图面上的比例尺，为了和数字比例尺区分，可以统称为图示比例尺
数字化地形图的比例尺	上述介绍比例尺的基本概念和两种常用比例尺，对当今乃至今后的地形图而言，数字化地形图将会逐步取代传统的图纸地形图，使用比例尺进行边长的换算时，只需要明确比例尺的基本概念，而一般不需要进行手工量取和计算了，只需要在计算机内的数字地形图上直接点取出来即可。用地形图进行设计也是在计算机上进行，所以只需要知道地形图的比例就可以了

2. 比例尺的精度

比例尺精度的基本概念和作用见表 7－2。

表7-2 比例尺精度的基本概念和作用

项目	内 容
基本概念	人们用肉眼能分辨的图上最小长度为0.1mm，因此在图上量度或实地测图描绘时，一般只能达到图上0.1mm的精确性。我们把图上0.1mm所代表的实际水平长度称为比例尺精度。 　　比例尺精度的概念，对测绘地形图和使用地形图都有重要的意义。在测绘地形图时，要根据测图比例尺确定合理的测图精度。如在测绘1:500比例尺地形图时，实地量距只需取到5cm，因为即使量得再细，在图上也无法表示出来。在进行规划设计时，要根据用图的精度确定合适的测图比例尺。如基本工程建设，要求在图上能反映地面上10cm的水平距离精度，则采用的比例尺不应小于1/1000。 　　表7-3为不同比例尺的比例尺精度，可见比例尺越大，其比例尺精度就越高，表示的地物和地貌越详细，但是一幅图所能包含的实地面积也越小，而且测绘工作量及测图成本会成倍地增加。因此采用何种比例尺测图，应从规划、施工实际需要的精度出发，不应盲目追求更大比例尺的地形图
基本作用	根据比例尺精度，有以下两件事可参考决定： 　　1）按工作需要，多大的地物须在图上表示出来或测量地物要求精确到什么程度，由此可参考决定测图的比例尺； 　　2）当测图比例尺已决定之后，可以推算出测量地物时应精确到什么程度

表7-3 不同比例尺的比例尺精度

比例尺	1:500	1:1000	1:2000	1:5000
比例尺精度（m）	0.05	0.10	0.20	0.50

7.1.3 地形图分幅、编号

　　为了便于测绘、拼接、使用和保管地形图，需要将各种比例尺的地形图进行统一的分幅和编号。地形图的分幅方法分为两类，一类是按经纬线分幅的梯形分幅法（又称为国际分幅），另一类是按坐标格网分幅的矩形分幅法。

1. 地形图的梯形分幅与编号

　　地形图的梯形分幅与编号见表7-4。

表7-4 地形图的梯形分幅与编号

项目	内 容
1:100万比例尺图的分幅与编号	按国际上的规定，1:100万的世界地图实行统一的分幅和编号。即自赤道向北或向南分别按纬差4°分成横列，各列依次用A、B、…、V表示。自经度1800开始起算，自西向东按经差6°分成纵行，各行依次用1、2、3、…、60表示。每一幅图的编号由其所在的"横列-纵行"的代号组成

续表 7 – 4

项　目	内　　　容
1:10 万比例尺图的分幅和编号	将一幅 1:100 万的图,按经度差 30′,纬度差 20′分为 144 幅 1:10 万的图。按从左至右、从上到下的顺序编号
1:5 万 ~ 1:1 万图的分幅和编号	这三种比例尺图的分幅编号都是以 1:10 万比例尺图为基础的。每幅 1:10 万的图,划分成 4 幅 1:5 万的图,分别在 1:10 万的图号后写上各自的代号 A、B、C、D。每幅 1:5 万的图又可分为 4 幅 1:2.5 万的图,分别以 1、2、3、4 编号。每幅 1:10 万图分为 64 幅 1:1 万的图,分别以 (1)、(2)、…、(64) 表示
1:5000 和 1:2000 比例尺图的分幅编号	1:5000 和 1:2000 比例尺图的分幅编号是在 1:1 万图的基础上进行的。每幅 1:1 万的图分为 4 幅 1:5000 的图,分别在 1:10000 的图号后面写上各自的代号 a、b、c、d。每幅 1:5000 的图又分成 9 幅 1:2000 的图,分别以 1、2、…、9 表示

2．地形图的矩形分幅与编号

大比例尺地形图大多采用矩形分幅法,它是按照统一的直角坐标格网划分的。图幅大小如表 7 – 5 所示。

表 7 – 5　矩形分幅的图幅规格

比例尺	图幅大小(cm)	实地面积(km^2)	一幅 1:5000 地形图中包含的图幅数
1:5000	40 × 40	4	1
1:2000	50 × 50	1	4
1:1000	50 × 50	0.25	16
1:500	50 × 50	0.0625	64

采用矩形分幅时,大比例尺地形图的编号一般采用图幅西南角坐标公里数编号法。如某幅图西南角的坐标 $x = 3530.0 km$, $y = 531.0 km$,则其编号为 3530.0 ~ 531.0。编号时,比例尺为 1:500 地形图,坐标值取至 0.01km,而 1:1000、1:2000 地形图取至 0.1km。对于小面积测图,还可以采用其他方法进行编号,如按行列式或自然序数法编号。

在某些测区,根据使用要求需要测绘几种不同比例尺的地形图。在这种情况下,为便于地形图的测绘管理、图形拼接、编绘、存档管理应用,应以最小比例尺的矩形分幅地形图为基础,进行地形图的分幅与编号。如测区内要分别测绘 1:5000、1:2000、1:1000、1:500 比例尺的地形图,则应以 1:5000 比例尺的地形图为基础,进行 1:2000 和大于 1:2000 地形图的分幅与编号,如图 7 – 3 所示。1:5000 的编号为 20 – 30,1:2000 图幅的编号是在 1:5000 图幅编号后面加上罗马数字Ⅰ、Ⅱ、Ⅲ、Ⅳ,如左上角一幅图的图号为 20 – 30Ⅰ;1:1000 图幅的编号是在 1:2000 图幅编号后面加罗马字,如左上角一幅图的号为20 - 30 - Ⅰ - Ⅰ；1:500 图的编号是在1:1000 图幅编号后面加罗马数字，如左上角 500 图的图号为20 - 30 - Ⅰ - Ⅰ。

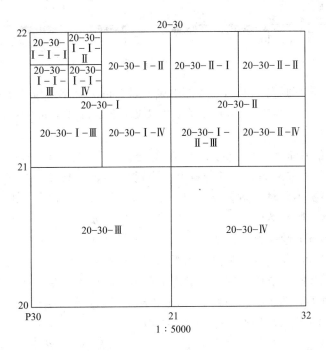

图7 - 3 地形图的分幅与编号

7.1.4 比例尺的种类和精度

1. 种类

地形图上某一线段长度与实地相应线段的水平长度之比，称为地形图的比例尺。根据表示方法不同，比例尺可分为数字比例尺和直线比例尺两种。

（1）数字比例尺。数字比例尺一般用分子为1 的分数形式表示。

设图上某一直线的长度为 d，地面上相应直线的水平长度为 D，则图的比例尺为：

$$\frac{d}{D} = \frac{1}{M} \tag{7 - 2}$$

式（7 - 2）中分母 M 为缩小的倍数，分母越大比例尺越小，反之分母越小，比例尺越大。

通常情况下，图上1cm 的长度表示地面上1m 的水平长度，称为百分之一的比例尺；图上1cm 表示地面上10m 的水平长度，称为千分之一的比例尺。

通常以1/500 ~ 1/10000 的比例尺称为大比例尺；1/25000 ~ 1/100000 的比例尺为中比例尺；小于1/100000 的比例尺为小比例尺。

数字比例尺按地形图图示规定，书写在图幅下方正中。

（2）直线比例尺。用图上线段长度表示实际水平距离的比例尺，称为直线比例尺，又称图示比例尺。如图7 - 4 所示。

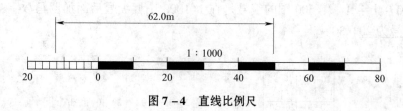

图 7 – 4　直线比例尺

直线比例尺一般都画在地形图的底部中央，以 2cm 为基本单位。绘制方法如下。

1）先在图纸上绘一条直线，在该直线上截取若干 2cm 或 1cm 的线段，这些线段称为比例尺的基本单位。

2）将最左端的基本单位再分成 20 或 10 等分，然后在基本单位的右分点上注记 0。

3）自 0 点起，在向左向右的各分点上，注记不同线段所代表的实际长度。

图纸在干湿情况不同时，是有伸缩的，图纸在使用过程中也会变形，若用木制的三棱尺去量图上的长度，则必然产生一些误差。为了用图方便，以及减小图纸伸缩而引起的误差，一般在图廓的下方绘一直线比例尺，用以直接量度图上直线的实际水平距离。用图时以图上所绘的直线比例尺为准，则由于图纸的伸缩而产生的误差就可以基本消除。

使用直线比例尺时，要用分规在地形图上量出某两点的长度，然后将分规移至直线比例尺上，使其一脚尖对准 0 右边的某个整分划线上，从另一脚尖读取左边的小分划，并估读余数。如图 7 – 4 所示，实地水平距离为 62.0m。

（3）比例尺的选用。根据工程的设计阶段、规模大小和运营管理需要，地形图测图的比例尺可按表 7 – 6 选用。

表 7 – 6　测图比例尺的选用

比例尺	用　途
1 : 5000	可行性研究、总体规划、厂址选择、初步设计等
1 : 2000	可行性研究、初步设计、矿山总图管理、城镇详细规划等
1 : 1000	初步设计、施工图设计；城镇、工矿总图管理；竣工验收等
1 : 500	

注：1. 对于精度要求较低的专用地形图，可按小一级比例尺地形图的规定进行测绘或利用小一级比例尺地形图放大成图。

　　2. 对于局部施测大于 1 : 500 比例尺的地形图，除另有要求外，可按 1 : 500 地形图测量的要求执行。

2. 精度

地形图上 0.1mm 所代表的实地水平长度称为比例尺精度。人们用肉眼能直接分辨出的图上最小距离为 0.1mm。

比例尺精度的计算公式：

$$\varepsilon = 0.1 \times M \tag{7 – 3}$$

式中：ε——比例尺精度；

　　　M——地形图数字比例尺分母。

比例尺大小不同，比例尺精度就不同。常用大比例尺地形图的比例尺精度如表 7 – 7 所列。

表 7 - 7　大比例尺地形图的比例尺精度

比例尺	1：500	1：1000	1：2000	1：5000	1：10000
比例尺精度（m）	0.05	0.1	0.2	0.5	1

当测图比例尺确定后，根据比例尺的精度，可以推算出测量距离时应精确到什么程度，为使某种尺寸的物体和地面形态都能在图上表示出来，可按要求确定测图比例尺。如要求在图上能表示出 1m 长，则所用的比例尺不应小于 1/10000。

7.1.5　地形图测量要求

1）地形测量的区域类型，可划分为一般地区、城镇建筑区、工矿区和水域。

2）地形测量的基本精度要求应符合下列规定：

①地形图图上地物点相对于邻近图根点的点位中误差不应超过表 7 - 8 的规定。

表 7 - 8　图上地物点的点位中误差

区　域　类　型	点位中误差（mm）
一般地区	0.8
城镇建筑区、工矿区	0.6
水域	1.5

注：1. 隐蔽或施测困难的一般地区测图，可放宽 50%。

　　2. 1：500 比例尺水域侧图、其他比例尺的大面积平坦水域或水深超出 20m 的开阔水域测图，根据具体情况，可放宽至 2.0mm。

②等高（深）线的插求点或数字高程模型格网点相对于邻近图根点的高程中误差不应超过表 7 - 9 的规定。

表 7 - 9　等高（深）线插求点或数字高程模型格网点的高程中误差

	地形类别	平坦地	丘陵地	山地	高山地
一般地区	高程中误差（m）	$\frac{1}{3}h_d$	$\frac{1}{2}h_d$	$\frac{2}{3}h_d$	$1h_d$
水域	水底地形倾角 α	$\alpha < 3°$	$3° < \alpha \leqslant 10°$	$10° < \alpha \leqslant 25°$	$\alpha \leqslant 25°$
	高程中误差（m）	$\frac{1}{2}h_d$	$\frac{2}{3}h_d$	$1h_d$	$\frac{3}{2}h_d$

注：1. h_d 为地形图的基本等高距（m）。

　　2. 对于数字高程模型，h_d 的取值应以模型比例尺和地形类别按表 7 - 10 取用。

　　3. 隐蔽或施测困难的一般地区测图，可放宽 50%。

　　4. 当作业困难、水深大于 20m 或工程精度要求不高时，水域侧图可放宽 1 倍。

表 7 – 10　地形图的基本等高距（m）

地形类别	比例尺			
	1∶500	1∶1000	1∶2000	1∶5000
平坦地	0.5	0.5	1	2
丘陵地	0.5	1	2	5
山地	1	1	2	5
高山地	1	2	2	5

注：1. 一个测区同一比例尺，宜采用一种基本等高距。
　　2. 水域测图的基本等深距，可按水底地形倾角比照地形类别和测图比例尺选择。

③工矿区细部坐标点的点位和高程中误差不应超过表 7 – 11 的规定。

表 7 – 11　细部坐标点的点位和高程中误差

地物类别	点位中误差（cm）	高程中误差（cm）
主要建（构）筑物	5	2
一般建（构）筑物	7	3

④地形点的最大点位间距不应大于表 7 – 12 的规定。

表 7 – 12　地形点的最大点位间距（m）

比例尺		1∶500	1∶1000	1∶2000	1∶5000
一般地区		15	30	50	100
水域	断面间	10	20	40	100
	断面上测点间	5	10	20	50

注：水域测图的断面间距和断面的测点间距根据地形变化和用图要求，可适当加密或放宽。

⑤地形图上高程点的注记，当基本等高距为 0.5m 时，应精确至 0.01m；当基本等高距大于 0.5m 时，应精确至 0.1m。

3）地形图的分幅和编号应满足下列要求：
①地形图的分幅可采用正方形或矩形方式。
②图幅的编号宜采用图幅西南角坐标的千米数表示。
③带状地形图或小测区地形图可采用顺序编号。
④对于已施测过地形图的测区，也可沿用原有的分幅和编号。
4）地形图图式和地形图要素分类代码的使用应满足下列要求：
①地形图图式应采用现行国家标准《国家基本比例尺地图图式　第 1 部分：1∶500 1∶1000 1∶2000 地形图图式》GB/T 20257.1—2007 和《国家基本比例尺地图图式　第 2 部分：1∶5000 1∶10000 地形图图式》GB/T 20257.2—2006。
②地形图要素分类代码宜采用现行国家标准《基础地理信息要素分类与代码》

GB/T 13923—2006。

③对于图式和要素分类代码的不足部分可自行补充，并应编写补充说明。对于同一个工程或区域，应采用相同的补充图式和补充要素分类代码。

地形测图可采用全站仪测图、GPS – RTK 测图和平板测图等方法，也可采用各种方法的联合作业模式或其他作业模式。在网络 RTK 技术的有效服务区作业宜采用该技术，但应满足地形测量的基本要求。

7.2 地物、地貌表示方法

7.2.1 地物的符号

1. 比例符号

把地物的轮廓按测图比例尺缩绘于图上的相似图形，称为比例符号。如房屋、湖泊、水库、田地等。比例符号能准确地示出地物的形状、大小和所在位置。

2. 非比例符号

当地物轮廓很小或因比例尺较小，按比例尺无法在地形图上表示出来的地物，则用统一规定的符号将其表示出来，这种符号称为非比例符号。如电杆、测量控制点、水井、树木、烟囱等。非比例符号不能准确表示物体的形状和大小，只能表示地物的位置和属性。非比例符号的定位点基本遵循以下几点要求（见表 7 – 13）。

1）规则的几何图形，其图形几何中心为定位点，如导线点、三角点等。

表 7 – 13 地形图图示

编号	符号名称	图　例	编号	符号名称	图　例
1	三角点 凤凰山—点名 394.468—高程	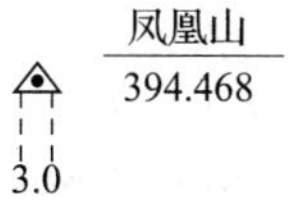 凤凰山 394.468 3.0	4	GPS 控制点 B14—级别、 点号 495.267—高程	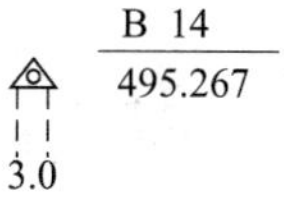 B 14 495.267 3.0
2	导线点 Ⅰ 16— 等级，点名 84.46—高程	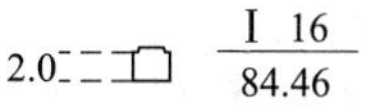 2.0　Ⅰ 16 84.46	5	一般房屋 混—房屋结构 3—房屋层数	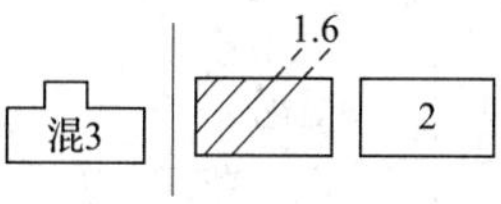 混3　1.6　2
3	水准点 Ⅱ 京石 5— 等级、点名 32.804—高程	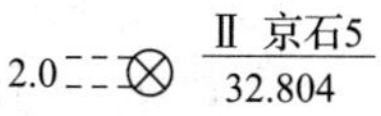 2.0　Ⅱ 京石5 32.804	6	台阶	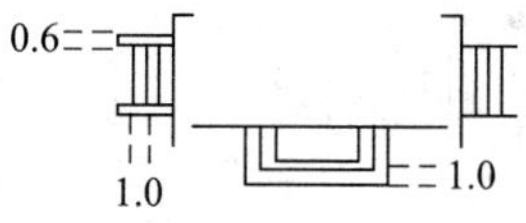 0.6　1.0 1.0

续表 7－13

编号	符号名称	图　　例	编号	符号名称	图　　例
7	室外楼梯 a—上楼方向	混8　　　不表示 a	14	游泳池	泳
8	院门 a. 围墙门 b. 有门房的	a　　　　16　b 0.6　　45°	15	路灯	2.0 1.6 ⊕ 4.0 1.0
9	门顶	■　　■ 1.0	16	喷泉池	1.0 ⊙ 3.6
10	围墙 a. 依比例尺的 b. 不依 比例尺的	a　10.0 b　10.0 0.6　0.3	17	假山石	4.0 ▲ 2.0　1.0
11	水塔	⊙　2.0 1.0 ⊕ 3.6 1.0	18	塑像 a. 依比例尺的 b. 不依比例尺的	a　　　　b ⊡　1.0 ⊙ 4.0 2.0
12	温室、 菜窖、花房	温室	19	旗杆	1.6 4.0 ╪ 1.0 1.0
13	宣传橱窗、 广告牌	1.0 ╪ 2.0	20	一般铁路	0.2　10.0　　10.0 0.2　　　　0.8 0.4　0.6

续表 7 − 13

编号	符号名称	图 例	编号	符号名称	图 例
21	建筑中的铁路		23	大车路、机耕路	
22	高速公路 a—收费站 0—技术 等级代码		24	小路	
…	……	……	…	……	……

注：1. 图例符号旁标注的尺寸均以"mm"为单位。

2. 在一般情况下，符号的线粗为 0.15mm，点的大小为 0.3mm。

3. 有的符号为左右两个，凡未注明的，其左边的为 1∶500 和 1∶1000，右边的为 1∶2000。

2）底部为直角的符号，以符号的直角顶点为定位点，如独立树、路标等。

3）底宽符号以底线的中点为定位点，如烟囱、岗亭等。

4）几种图形组合符号，以符号下方图形的几何中心为定位点，如路灯、消火栓等。

5）下方无底线的符号，以符号下方两端点连线的中心为定位点，如窑洞、山洞等。

3. 半比例符号

对于一些带状延伸性地物，其长度可按比例尺缩绘，而宽度却不能按比例尺缩绘。如通信线、铁路、管道、小路、围墙、境界等。

4. 注记符号

地形图上用文字、数字或特定符号对地物的名称、性质、高程等加以说明。

7.2.2 地貌的符号

地面上各种高低起伏的自然形态，在地形图上常用等高线和规定的符号表示。等高线不仅能表示地面的起伏形态，还能表示出地面的坡度和地面点的高程。

1. 等高线的概念

等高线是地面上高程相等的相邻各点所连成的闭合曲线，也就是水平面与地面的交线。

如图 7 − 5 所示，假想一个山头被水淹没，不久水即往下降落，每降落一定高度，记录一下水面与山的交线，然后把这些交线垂直投影在一个共同的水平面上，并按相应的比例尺缩绘在图纸上，就可以得到等高线图。如开始水面高程为 100m，则图上从里向外各等高线高程分别为 100m、90m、80m、……

2. 等高距和等高线平距

（1）等高距。地形图上相邻等高线之间的高差称为等高距，也叫作等高线间隔，用 h 表示。在

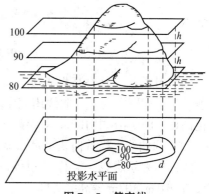

图 7 − 5 等高线

同一幅地形图上，等高线的等高距相同。等高线的间隔越小，越能详细地表示地面的变化情况；等高线间隔越大，图上表示地面的情况越简略。但是当等高线间隔过小时，地形图上的等高线过于密集，将会影响图面的清晰度，而且测绘工作量会增大，花费时间也越长。在测绘地形图时，应根据实际情况，根据测图比例尺的大小和测区的地势陡缓来选择合适的等高距，该等高距称为基本等高距。

（2）等高线平距。相邻等高线之间的水平距离称为等高线平距，一般用 d 表示。

（3）地面坡度。等高线间隔 h 与等高线平距 d 的比值称为地面坡度，一般用 i 表示。

$$i = \tan\alpha = \frac{h}{d} \tag{7-4}$$

坡度 i 通常以百分率表示，向上为正、向下为负，如 $i = +5\%$，$i = -2\%$。因为同一幅地形图中等高距 h 相同，所以等高线平距 d 与地面坡度 i 成反比。地面坡度越陡，等高线平距越小；地面坡度越缓，等高线平距越大；地面坡度均匀，等高线平距相等。因此，按照地形图上等高线的疏、密，可以判定地面坡度的缓、陡。

3．等高线分类

（1）首曲线。在同一幅地形图上，按规定的基本等高距描绘的等高线，称为首曲线，也称基本等高线，或叫细等高线。首曲线的高程是基本等高距的整倍数，用宽度为 0.15mm 的细实线描绘。如图 7-6 所示，98m、100m、102m、104m、106m 的等高线为首曲线。

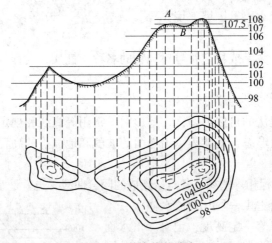

图 7-6　等高线的分类

（2）计曲线。凡是高程能被 5 倍基本等高距整除的等高线，称为计曲线，也叫粗等高线。为了读图方便，计曲线用宽度为 0.3mm 的粗实线描绘，一般地形图只在计曲线上注记高程。图 7-6 中 100m 等高线为计曲线。

（3）间曲线。当首曲线不足以显示局部地貌特征时，按二分之一基本等高距描绘的等高线，称为间曲线，又称半距等高线。间曲线用长虚线表示，描绘时可不闭合。图 7-6 中 101m、107m 等高线为间曲线。

（4）助曲线。当间曲线仍不足以显示局部地貌特征时，按照四分之一基本等高距描绘的等高线，称为助曲线，又称辅助等高线。辅助等高线用短虚线表示，描绘时可不闭合。图 7-6 中 107.5m 等高线为助曲线。

4. 几种基本地貌及其等高线

自然地貌的形态是多种多样的，但可以归结为几种典型地貌的综合，了解这些典型地貌等高线的特征，有助于识读、应用和测绘地形图。

（1）山头和洼地。

1）山头。凸出而高于四周的地貌为山头。山头的最高部位称为山顶或山峰，侧面为山坡，山坡与平地交界处称为山脚。

2）洼地。陷落而低于四周的低地称为洼地，很大的洼地称为盆地。

3）山头与洼地等高线区分。山头与洼地的等高线都是由一组闭合曲线组成的，形状比较相似。如图 7-7（a）和图 7-7（b）所示。

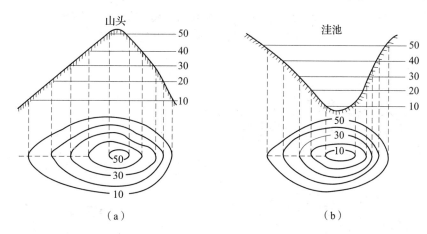

图 7-7　山头和洼地

区分山头和洼地等高线的方法有两种：

①以等高线上所注的高程区分内圈等高线比外圈等高线的高程高时，表示山头；内圈等高线比外圈等高线的高程低时，表示洼地。

②示坡线。示坡线是在等高线上顺下坡方向所画的短线。示坡线与等高线近似垂直。如图 7-7 所示。山头等高线的示坡线在等高线的外侧，洼地等高线的示坡线在等高线的内侧。

（2）山脊与山谷。

1）山脊。山顶向山脚延伸的凸起部分，称为山脊。山脊最高点间的连线称为山脊线。雨水以山脊为界流向两侧坡面，因此山脊线又称为分水线。山脊及其等高线如图 7-8（a）所示，图中虚线为山脊线。山脊等高线的特点是凸出方向朝向下坡或者朝向低处。

2）山谷。山谷是沿着一个方向延伸下降的洼地。山谷中最低点连成的谷底线称为山谷线或集水线。如图 7-8（b）所示，图中的虚线为山谷线。山谷等高线的特点是凸出方向朝向上坡或者朝向高处。

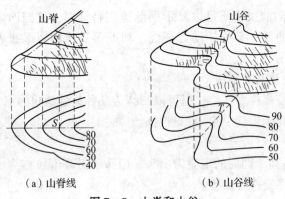

（a）山脊线　　　　　　（b）山谷线

图7-8　山脊和山谷

（3）鞍部。鞍部是相邻两个山顶之间呈现马鞍形状的部位。鞍部最低点称为垭口（鞍部），如图7-9所示。

（4）悬崖。悬崖是上部凸出，下部凹入的山坡。悬崖等高线的特点是等高线相交，即上部的等高线投影在水平面上时，与下面的等高线相交。下部凹进的等高线用虚线表示，如图7-10所示。

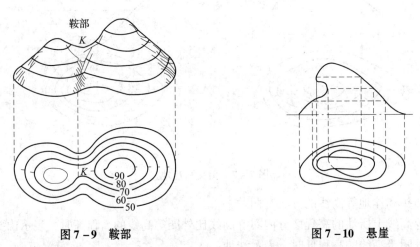

图7-9　鞍部　　　　　　　　　　　**图7-10　悬崖**

（5）峭壁和台地。峭壁是陡峻的或近似垂直的山坡。峭壁也可称为陡崖。由于这种山势的等高线非常密集或者重叠，因此在地形图上用特殊符号表示，如图7-11所示。山坡上平坦的地方称为台地。

（6）冲沟。冲沟又称雨裂，它是由于多年的雨水对山坡的冲刷，造成水土流失而形成的深沟，如图7-12所示。

（7）陡坎。凡坡度在70°以上的天然或人工坡坎称为陡坎，在地形图上用规定的符号表示。

5. 等高线的性质

按照用等高线表示地貌的情况，可以归纳等高线的特性如下：

1）位于同一条等高线上所有各点的高程相等，但高程相等的点不一定都在同一条等高线上。

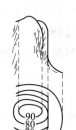

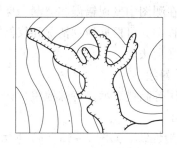

图 7 - 11　峭壁　　　　　　　　　图 7 - 12　冲沟

2）等高线是连续闭合的曲线，如果不能在本图幅内闭合，必定在相邻或其他图幅内闭合。等高线必须延伸至图幅边缘，不能在图内中断，但遇道路、房屋等地物符号和注记处可局部中断，而为表示局部地貌所加绘的间曲线和助曲线，可以只在图内绘出一部分。

3）等高线在图内不能相交，一条等高线不能分成两条，也不能两条合成一条，陡崖、陡坎等高线密集处均用符号表示。

4）在同一幅地形图上等高距是相同的，等高线密集表示地面坡度陡，等高线稀疏表示地面坡度缓，平距相等的等高线表示地面坡度均匀。

5）山脊线与山谷线均与等高线垂直正交。等高线凸向高程降低的方向表示山脊，凸向高程升高的方向表示山谷。

6）等高线间最短线段的方向，即垂直于等高线的线段方向，是两等高线间最大坡度的方向。

7.2.3　地物、地貌的勾绘

1. 地物的勾绘

在测绘地形图时，对地物测绘的质量主要取决于地物特征点选择是否正确合理，如房屋轮廓、道路河流的弯曲部分、电杆的中心点。主要的特征点应独立测定，一些次要特征点可采用交会、量距、推平行线等其他几何作图方法绘出。

一般规定，主要建筑物轮廓线的凹凸长度在图上大于 0.4mm 时，需要表示出来。在 1∶500 比例尺的地形图上，主要地物轮廓凹凸大于 0.2mm 时也应在图上表示出来。对于大比例尺测图应按如下原则进行取点：

1）有些房屋凹凸转折较多时，只测定其主要转折角（大于 2 个），量取有关长度，然后按其几何关系用推平行线法画出其轮廓线。

2）对于圆形建筑物可量其半径绘图测定其中心，或在其外廓测定三点，然后用作图法定出圆心，绘出外廓。

3）绘出公路在图上实际测得的两侧边线。大路或小路可只测其一侧边线，另一侧按测量得的路宽绘出。

4）道路转折点处的圆曲线边线应至少测定三个点（起、终和中点）并绘出。

5）应实测围墙的特征点，按半比例符号绘出其外围的实际位置。

已测定的地物点应连接起来，随测随连，以便将图上测得的地物与地面进行实际对照。这样才能在测图中发现错误和遗漏，保证及时予以修正或补测。

在测图过程中，可根据地物情况和仪器状况选择不同的测绘方法，如极坐标法、方向交会法、距离交会法。

2. 地貌的勾绘

地貌一般用等高线表示。特殊地貌，如悬崖、陡崖、土堆、冲沟、雨裂等，应按图式规定的符号表示。

（1）连接地性线。如图7-13（a）所示，某局部地区地貌特征点的相对位置和高程已测定在图纸上，用铅笔连接同坡度的相邻地貌特征点 ba、bc 等，绘出山脊线、山谷线等地性线，以便得到地貌的基本轮廓。山脊线用实线表示，山谷线用虚线表示。地性线一般是随测随连，以免出现差错。

（2）内插等高线的通过点。由于等高线的高程必须是等高距的整倍数，而地貌特征点的高程一般不是整数，因此要勾绘等高线，一定要找出等高线的通过点。因为地貌特征点是选在地面坡度变化处，所以相邻两特征点之间的坡度可认为是均匀的。这样可以在两地貌特征点之间，按高差与平距成比例的关系内插等高线的通过点。具体方法主要有解析法和图解法。

1）解析法。如图7-13（a）所示，已知 a、b 两点间的平距为27mm，高差为48.5 - 43.1 = 5.4（m），如勾绘等高距为1m的等高线，将有高程为44m、45m、46m、47m、48m的5条等高线穿过 ab 段。经计算，1m的高差所对应的平距为 27÷5.4 = 5（mm），因 a 点至44m等高线的高差为0.9m，则 a 点到44m等高线的平距为 5×0.9 = 4.5（mm）；从 a 点起沿 ab 量取4.5mm，得出44m等高线的通过点。同样，b 点到48m等高线的平距为 5×0.5 = 2.5（mm），从 b 点起沿 bc 量取2.5mm，得出48m等高线的通过点。然后将44m、48m等高线通过点之间的平距进行4等分，即可定出45m、46m、47m等高线的通过点。

同理，在 bc、bd、be 段上定出相应等高线的通过点，如图7-13（b）所示。

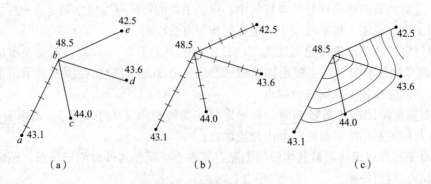

（a）   （b）   （c）

图7-13   解析法勾绘等高线

2）图解法。取一张透明纸，在纸上画出等间距平行线，如图7-14所示。平行线间距和数目视地形坡度而定，陡坡地区可增加平行线根数和缩小间距。如欲求 a、b 两点间等高线通过点，可将绘有平行线的透明纸蒙在图上，转动透明纸，使 *a* 点位于第 *b* 条平行线至第 7 条平行线间的 0.9 份位置（将平行线间距 10 等分），使 6 点位于平行线 1 和平行线 2 的中间位置上，则直线 *ab* 和编号 2、3、4、5、6 这 5 条平行线的交点，便是高程为 44m、45m、46m、47m 及 48m 等高线的通过点，用小针透刺各交点于图上即可。

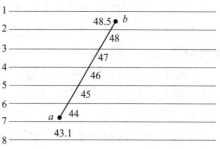

图 7 – 14　图解法勾绘等高线

（3）勾绘等高线。将高程相同的相邻点，参照实地的地貌用圆滑的曲线徒手连接起来，就勾绘出反映地貌形态的等高线，如图 7 – 13（c）所示。勾绘等高线时要对照实地进行，对于山坡面上的小起伏或变化，要按等高线总体走向进行综合绘图。特别要注意，描绘等高线时要均匀圆滑，不要有死角或出刺现象；等高线绘出后，要将图上的地性线全部擦去。

如果在平坦地区测图，则在很大范围内绘不出一条等高线，为表示地面起伏，就需用碎部点的高程表示。表示高程的碎部点应均匀分布在测区，在图上以间隔 2～3cm 为宜。平坦地区有地物时则以地物点的高程来表示，无地物时则应单独测定碎部点的高程。

7.3　地形图的测绘

7.3.1　一般地区地形测图

1）一般地区宜采用全站仪或 GPS – RTK 测图，也可采用平板测图。

2）各类建（构）筑物及其主要附属设施均应进行测绘。居民区可根据测图比例尺大小或用图需要，对测绘内容和取舍范围适当加以综合。临时性建筑可不测。

建（构）筑物宜用其外轮廓表示，房屋外廓以墙角为准。当建（构）筑物轮廓凸凹部分在 1∶500 比例尺图上小于 1mm 或在其他比例尺图上小于 0.5mm 时，可用直线连接。

3）独立性地物的测绘能按比例尺表示的，应实测外廓，填绘符号；不能按比例尺表示的，应准确表示其定位点或定位线。

4）管线转角部分均应实测。线路密集部分或居民区的低压电力线和通信线，可选择主干线测绘；当管线直线部分的支架、线杆和附属设施密集时，可适当取舍；当多种线路在同一杆柱上时，应择其主要表示。

5）交通及附属设施均应按实际形状测绘。铁路应测注轨面高程，在曲线段应测注内轨面高程，涵洞应测注洞底高程。

1∶2000 及 1∶5000 比例尺地形图，可适当舍去车站范围内的附属设施。小路可选择测绘。

6）水系及附属设施宜按实际形状测绘。水渠应测注渠顶边高程，堤、坝应测注顶部及坡脚高程，水井应测注井台高程，水塘应测注塘顶边及塘底高程。当河沟、水渠在地形图上的宽度小于 1mm 时，可用单线表示。

7）地貌宜用等高线表示。崩塌残蚀地貌、坡、坎和其他地貌，可用相应符号表示。

山顶、鞍部、凹地、山脊、谷底及倾斜变换处应测注高程点。露岩、独立石、土堆、陡坎等应注记高程或比高。

8）植被的测绘应按其经济价值和面积大小适当取舍，并应符合下列规定：

①农业用地的测绘按稻田、旱地、菜地、经济作物地等进行区分，并配置相应符号。

②地类界与线状地物重合时，只绘线状地物符号。

③梯田坎的坡面投影宽度在地形图上大于 2mm 时，应实测坡脚；小于 2mm 时，可量注比高。当两坎间距在 1:500 比例尺地形图上小于 10mm、在其他比例尺地形图上小于 5mm 时或坎高小于基本等高距的 1/2 时，可适当取舍。

④稻田应测出田间的代表性高程，当田埂宽在地形图上小于 1mm 时，可用单线表示。

9）地形图上各种名称的注记应采用现有的法定名称。

7.3.2　城镇建筑区地形测图

1）城镇建筑区宜采用全站仪测图，也可采用平板测图。

2）各类的建（构）筑物、管线、交通等及其相应附属设施和独立性地物的测量，应按 7.3.1 第 2）～5）的规定执行。

3）房屋、街巷的测量，对于 1:500 和 1:1000 比例尺地形图，应分别实测；对于 1:2000 比例尺地形图，小于 1m 宽的小巷，可适当合并；对于 1:5000 比例尺地形图，小巷和院落连片的，可合并测绘。

街区凸凹部分的取舍，可根据用图的需要和实际情况确定。

4）各街区单元的出入口及建筑物的重点部位，应测注高程点；主要道路中心在图上每隔 5cm 处和交叉、转折、起伏变换处，应测注高程点；各种管线的检修井，电力线路、通信线路的杆（塔），架空管线的固定支架，应测出位置并适当测注高程点。

5）对于地下建（构）筑物，可只测量其出入口和地面通风口的位置和高程。

6）小城镇的测绘，可按 1）的相关要求执行。街巷的取舍，可按 2）的要求适当放宽。

7.3.3　工矿区现状图测量

1）工矿区现状图测量宜采用全站仪测图。测图比例尺宜采用 1:500 或 1:1000。

2）建（构）筑物宜测量其主要细部坐标点及有关元素。细部坐标点的取舍应根据工矿区建（构）筑物的疏密程度和测图比例尺确定。建（构）筑物细部坐标点测量的位置可按表 7-14 选取。

表 7-14　建（构）筑物细部坐标点测量的位置

类别		坐　标	高　程	其他要求
建（构）筑物	矩形	主要墙角	主要墙外角、室内地坪	—
	圆形	圆心	地面	注明半径、高度或深度
	其他	墙角、主要特征点	墙外角、主要特征点	—

续表 7－14

类别	坐　　标	高　　程	其他要求
地下管道	起、终、转、交叉点的管道中心	地面、井台、井底、管顶、下水测出入口管底或沟底	经委托方开挖后施测
架空管道	起、终、转、交叉点的支架中心	起、终、转、交叉点、变坡点的基座面或地面	注明通过铁路、公路的净空高
架空电力线路、电信线路	铁塔中心，起、终、转、交叉点杆柱的中心	杆（塔）的地面或基座面	注明通过铁路、公路的净空高
地下电缆	起、终、转、交叉点的井位或沟道中心，入地处、出地处	起、终、转、交叉点，入地点、出地点、变坡点的地面和电缆面	经委托方开挖后施测
铁路	车挡、岔心、进厂房处、直线部分每 50m 一点	车挡、岔心、变坡点、直线段每 50m 一点、曲线内轨每 20m 一点	—
公路	干线交叉点	变坡点、交叉点、直线段每 30～40m 一点	—
桥梁、涵洞	大型的四角点，中型的中心线两端点，小型的中心点	大型的四角点，中型的中心线两端点，小型的中心点、涵洞进出口底部高	—

注：1. 建（构）筑物轮廓凸凹部分大于 0.5m 时，应丈量细部尺寸。

2. 厂房门宽度大于 2.5m 或能通行汽车时，应实测位置。

3）细部坐标点的测量应符合下列规定：

①细部坐标宜采用全站仪极坐标法施测，细部高程可采用水准测量或电磁波测距三角高程的方法施测。测量精度应满足表 7－15 的要求。成果取值应精确至 1cm。

②细部坐标点的检核可采用丈量间距或全站仪对边测量的方法进行。两相邻细部坐标点间，反算距离与检核距离的较差不应超过表 7－15 的规定。

表 7－15　反算距离与检核距离较差的限差

类　　别	主要建（构）筑物	一般建（构）筑物
较差的限差（cm）	7 + $S/2000$	10 + $S/2000$

注：S 为两相邻细部点间的距离（cm）。

③细部坐标点的综合信息宜在点或地物的属性中进行表述。当不采用属性表述时，应对细部坐标点进行分类编号，并编制细部坐标点成果表；当细部坐标点的密度不大时，可直接将细部坐标或细部高程注记于图上。

4）对于工矿区其他地形、地物的测量，可按1）和2）的有关规定执行。

5）工矿区应绘制现状总图。当有特殊需要或现状总图中图画负载较大且管线密集时，可分类绘制专业图。其绘制要求按《工程测量规范》GB 50026—2007的相关技术要求执行。

7.3.4　地形图的修测与编绘

1. 地形图的修测

1）地形图修测前应进行实地踏勘，确定修测范围，并制订修测方案。如修测的面积超过原图总面积的1/5，应重新进行测绘。

2）地形图修测的图根控制应符合下列规定：

①应充分利用经检查合格的原有邻近图根点，高程应从邻近的高程控制点引测。

②局部修测时，测站点坐标可利用原图已有坐标的地物点按内插法或交会法确定，检核较差不应大于图上0.2mm。

③局部地区少量的高程补点，也可利用3个固定的地物高程点作为依据进行补测，其高程较差不得超过基本等高距的1/5，并应取用平均值。

④当地物变动面积较大、周围地物关系控制不足，应补设图根控制。

3）地形图的修测应符合下列规定：

①新测地物与原有地物的间距中误差不得超过图上0.6mm。

②地形图的修测方法可采用全站仪测图法和支距法等。

③当原有地形图图式与现行图式不符时，应以现行图式为准。

④地物修测的连接部分应从未变化点开始施测，地貌修测的衔接部分应施测一定数量的重合点。

⑤除对已变化的地形、地物修测外，还应对原有地形图上已有地物、地貌的明显错误或粗差进行修正。

⑥修测完成后，应按图幅将修测情况作记录，并绘制略图。

4）纸质地形图的修测，宜将原图数字化再进行修测；如在纸质地形图上直接修测，应符合下列规定：

①修测时宜用实测原图或与原图等精度的复制图。

②当纸质图图廓伸缩变形不能满足修测的质量要求时，应予以修正。

③局部地区地物变动不大时，可利用经过校核，位置准确的地物点进行修测。使用图解法修测后的地物不应再作为修测新地物的依据。

2. 地形图的编绘

1）地形图的编绘应选用内容详细、现势性强、精度高的已有资料，包括图纸、数据文件、图形文件等进行编绘。

2）编绘图应以实测图为基础进行编绘，各种专业图应以地形图为基础结合专业要求进行编绘；编绘图的比例尺不应大于实测图的比例尺。

3）地形图编绘作业应符合下列规定：

①原有资料的数据格式应转换成同一数据格式。

②原有资料的坐标、高程系统应转换成编绘图所采用的系统。

③地形图要素的综合取舍应根据编绘图的用途、比例尺和区域特点合理确定。

④编绘图应采用现行图式。

⑤编绘完成后，应对图的内容、接边进行检查，发现问题应及时修改。

7.3.5　地形图的拼接、检查和整饰

当测图面积大于一幅地形图的范围面积时，要分幅测图，由于测绘误差的存在，相邻地形图测完后应进行拼接。拼接时，若偏差在规定限值内，取其平均位置修整相邻图幅的地物和地貌位置；否则应进行检查、纠正，直至符合要求。

1. 地形图的拼接

地形图拼接时，若地物和等高线的接边差小于表 7 – 16 规定值的 2 倍时，两幅图可以拼接，若超过此限值，需到实地检查、补测修正后再进行拼接。拼接方法为：用宽 5cm 的透明纸条，先将左图幅蒙上其接图边，如图 7 – 15 所示，将接图边、坐标格网、地物、地貌等用铅笔描绘在透明纸条上，然后再将透明纸条蒙在右图幅接图边上，使透明纸条与底图上坐标格网对齐，同样用铅笔描绘地物、地貌。若偏差在规定限值内，取其平均位置绘在透明纸条上，并以此改正相邻图幅的地物和地貌位置。

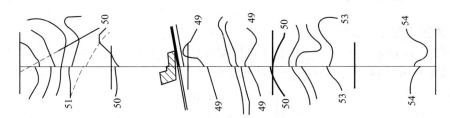

图 7 – 15　地形图拼接

表 7 – 16　地形点点位中误差

地 区 类 别	点位中误差（mm）	相邻地物点间距中误差（mm）	等高线高程中误差（等高距）			
			平地	丘陵地	山地	高山地
城市建筑区、平地、丘陵地	0.5	0.4	1/3	1/2	2/3	1
山地、高山地和施测困难的街区内部	0.75	0.6				

2. 地形图的检查

为保证成图质量，在地形图拼接工作完后，还必须对本图幅的所有内容进行全面的自检和互检，一般检查工作可分为室内检查和野外检查两部分。

（1）室内检查。室内检查的主要内容为检查图根点的观测、记录和计算是否有错误，闭合差及各种限差是否符合规定限值；符号运用是否恰当，等高线勾绘是否有错误；图边拼接误差是否符合限差要求等。若发现问题，到野外进行实地检查、改正。

（2）野外检查。在野外将地形图对照实地地物、地貌进行查看，检查时应查明地物、地貌取舍是否正确，是否有遗漏；等高线是否与实际地貌相符；图中使用的图式和注记是否正确等。如必要时应用仪器设站检查，检查时可在原已知点设站，重新测定测站周围部分地物和地貌点的平面位置和高程，看是否与原测点相同。若误差不超过表 7 - 16 规定的中误差的 $2\sqrt{2}$ 倍，即视为符合要求，否则应对照实地进行改正。若错误较多，退回原作业组，进行修测或重测。仪器检查量一般为整幅图的 10% ~ 20%。

3. 地形图的整饰

当地形图经过拼接和检查纠正后，还应按照地形图图式规定进行清绘和整饰工作，使图面更加清晰、美观。整饰时应按照先图内后图外的顺序。图上的地物、地貌均按规定的图式进行注记和绘制，注意各种线条遇注记时应断开，最后按图式要求绘内、外图廓和接合图表，书写方格网坐标、图名、图号、地形图比例尺、坐标系、高程系和等高距、施测单位、绘图者及施测日期等。

7.4　地形图的应用

7.4.1　地形图应用的内容

1. 求图上某点的坐标

如图 7 - 16 所示，图中 m 点坐标，可以根据地形图上坐标格网的坐标值来确定。首先找出 m 点所在方格 $abcd$ 的西南角 a 点坐标为：

$$\begin{cases} X_a = 3355.\,100\text{km} \\ Y_a = 545.\,100\text{km} \end{cases}$$

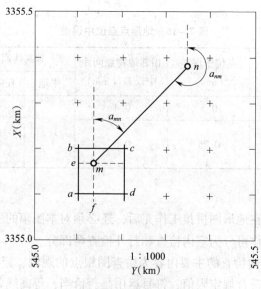

图 7 -16　两点间距离

过 m 点作方格边的平行线，交方格边于 e、f 点。根据地形图比例尺（1:1000）量得：
$ae = 87.5\mathrm{m}$，$af = 31.4\mathrm{m}$，则 m 点的坐标值为：

$$X_m = X_a + ae = 3355100 + 87.5 = 3355187.5 \text{（m）}$$
$$Y_m = Y_a + af = 545100 + 31.4 = 545131.4 \text{（m）}$$

为了提高坐标量测的精度，必须考虑图样伸缩的影响，可按式（7-5）计算 m 点的坐标值：

$$\left.\begin{array}{l} X_m = X_a + \dfrac{l}{ab} \cdot ae \cdot M \\[2mm] Y_m = Y_\alpha + \dfrac{l}{ad} \cdot af \cdot M \end{array}\right\} \qquad (7-5)$$

式中：ab、ae、ad、af——均为图上长度；

l——坐标方格边长（10cm）；

M——地形图比例尺分母。

2. 求图上两点间的距离

如图 7-16 所示，欲求图中 m、n 两点间的实地水平距离，可采用图解法或解析法。

（1）图解法。在图上直接量出 m、n 两点间的长度，然后乘上比例尺分母，就可得到 mn 的实地水平距离。

（2）解析法。首先根据前面所述方法求出 m、n 两点的坐标 X_m、Y_m 和 X_n、Y_n，然后按式（7-6）计算其水平距离：

$$D_{mn} = \sqrt{(X_n - X_m)^2 + (Y_n - Y_m)^2} \qquad (7-6)$$

3. 求图上某点的高程

若所求点的位置恰好在某一等高线上，那么此点的高程就等于该等高线的高程。如图 7-17 所示，A 点高程为 69m。

若所求点的位置不在等高线上，则可用内插法求其高程。如图 7-17 所示，过 B 点作线段 mn 大致垂直于相邻两等高线，然后量出 mn 和 mB 的图上长度，则 B 点高程为

$$H_B = H_m + \frac{mB}{mn}h \qquad (7-7)$$

式中：h——等高距；

H_m——m 点高程。

上式中，$h = 1\mathrm{m}$，$H_m = 67\mathrm{m}$，量得 $mn = 12\mathrm{mm}$，$mB = 8\mathrm{mm}$，则得：

$$H_B = \left(67.0 + \frac{8}{12} \times 1\right) \approx 67.7 \text{（m）}$$

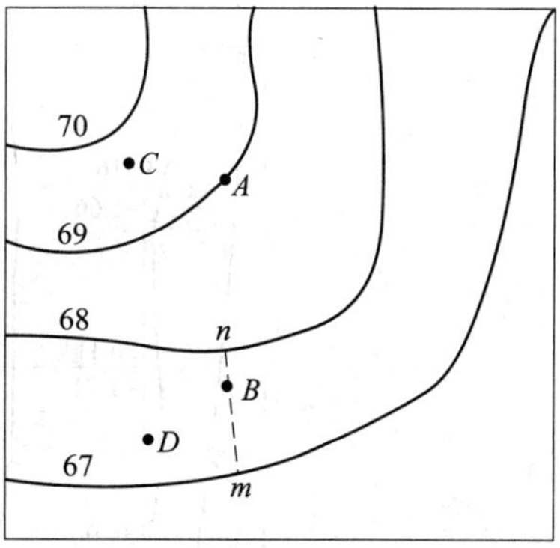

图 7-17 点的高程

实际求图上某点的高程时，通常根据等高线采用目估法按照比例推算出该点的高程。

4. 求图上某直线的坐标方位角

如图 7-17 所示，欲求直线 mn 的坐标方位角，可采用图解法或解析法。

（1）图解法。过 m 和 n 点分别作坐标纵轴的平行线，然后用量角器量出 α_{mn} 和 α_{nm}，取其平均值为最后结果。

$$\alpha'_{mn} = \frac{1}{2}\left(\alpha_{mn} + \alpha_{nm} \pm 180°\right)$$

（2）解析法。先求出 m、n 点的坐标，再按式（7-8）计算 mn 的方位角：

$$\alpha_{mn} = \arctan\frac{\Delta Y_{mn}}{\Delta X_{mn}} = \arctan\frac{Y_n - Y_m}{X_n - X_m} \tag{7-8}$$

5．求图上某直线的坡度

在地形图上求得直线的长度以及两端点的高程后，则可按下式计算该直线的平均坡度：

$$i = \frac{h}{d \cdot M} = \frac{h}{D} \tag{7-9}$$

式中：d——图上量得的长度；

$\quad M$——地形图的比例尺分母；

$\quad h$——直线两端点间的高差；

$\quad D$——该直线的实地水平距离。

坡度通常用千分率（‰）或百分率（%）的形式表示。"+"为上坡，"-"为下坡。

若直线两端点位于相邻等高线上，此时求得的坡度，可认为符合实际坡度。假如直线较长，中间通过多条等高线，而且各条等高线的平距不等，则所求的坡度，只是该直线两端点间的平均坡度。

6．场地平整

在大、中型工程建设中，往往要进行建筑场地的平整。利用地形图，可以估算土石方工程量，从而确定场地平整的最佳方案。

如图 7-18 所示，设地形图比例尺为 1:1000。

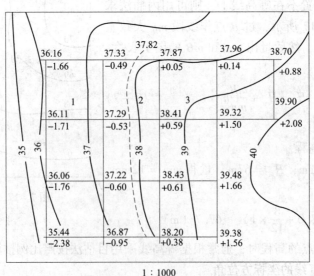

1:1000

图 7-18 挖填方计算

欲将方格范围内的地面平整为挖方与填方基本相等的水平场地，可按如下步骤进行：

1）在地形图上画出方格，方格的边长取决于地形的复杂程度和土方估算的精度，一般为 10m 或 20m。本例所取方格边长为 20m（图上 20mm）。

2）用内插法或目估求出各方格点的高程，并注记于右上角。

3）计算场地填、挖方平衡的设计高程。先求出各方格 4 个顶点高程的平均值，然后将其相加除以方格数，就得填、挖方基本平衡的设计高程。经计算本例设计高程为 37.82m。

4）用内插法在地形图上描出高程为 37.82m 的等高线（图中用虚线表示）。此线就是填方和挖方的分界线。

5）按式（7-10）计算各方格点的填（挖）高度。

$$填（挖）高度 = 地面高程 - 设计高程 \qquad (7-10)$$

正号表示挖方，负号表示填方。填挖高度填写在各方格点的右下角。

6）计算填、挖方量。从图 7-18 看出，有的方格全为挖方或全为填方，有的方格既有填方又有挖方，因此要分别进行计算。

对于全为填方或全为挖方的方格（如方格 1 全为填方）：

$$V_1 = \frac{1}{4} \times (-1.66 - 0.49 - 1.71 - 0.53) A_1 = \frac{1}{4} \times (-1.39) \, 20 \times 20 \text{m}^3$$

$$= 439 \ (\text{m}^3) \qquad (7-11)$$

式中：A_1——填（挖）方面积，本例为 400m²。

对于既有填方又有挖方的方格（如方格 2）：

$$V_{2填} = \frac{1}{4} \times (0 + 0 - 0.49 - 0.53) A_{2填} = \frac{1}{4} \times (-1.02) \times 20 \times \frac{1}{2} (11 + 9) \text{m}^3$$

$$= -51.0 \ (\text{m}^3)$$

$$V_{2挖} = \frac{1}{4} \times (0 + 0 + 0.05 + 0.59) A_{2挖}$$

$$= \frac{1}{4} \times (0.64) \times 20 \times \frac{1}{2} (9 + 11) \text{m}^3 = 32.0 \ (\text{m}^3)$$

填（挖）区的面积 $A_填$、$A_挖$ 可在地形图上量取。根据各方格填（挖）方量，即可求得场地平整的总填、挖方量。本例中 $V_填 = 1665.73\text{m}^3$，$V_挖 = 1679.6\text{m}^3$，填、挖总量基本平衡。

7.4.2 地形图在平整土地中的应用

在建设工程中，通常要对拟建地区的自然地貌作必要的改造，以满足各类建筑物的平面布置、地表水的排放、地下管线敷设和公路铁路施工等需要。在平整土地工作中，一项重要的工作是估算土（石）方的工程量，即利用地形图进行填挖土（石）方量的概算。

1. 方格网法

该法适用于高低起伏较小、地面坡度变化均匀的场地。如图 7-19 所示，欲将该地区平整成地面高度相同的平坦场地，其步骤如下：

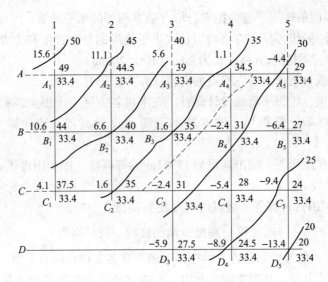

图 7 – 19　场地平整土石方量计算

（1）绘制方格网。方格网的网格大小取决于地形图的比例尺大小、地形的复杂程度以及土（石）方量估算的精度。方格的边长一般取为 10m 或 20m。本图的比例尺为 1:1000，方格网的边长为 20m×20m。对方格进行编号，纵向（南北方向）用 A、B、C… 进行编号，横向（东西方向）用 1、2、3、4…进行编号，因此各方格顶点编号由纵、横编号组成。则各方格点的编号用相应的行、列号表示，如 A_1、A_2 等，并标注在各方格点左下角。

（2）绘方格网并求格网点高程。在地形图上拟平整场地范围内绘方格网，方格网的边长主要取决于地形的复杂程度、地形图比例尺的大小和土石方估算的精度要求，一般为 10m×10m、20m×20m。根据等高线确定各方格顶点的高程，并注记在各顶点的上方。

（3）确定场地平整的设计高程。应根据工程的具体要求确定设计高程。大多数工程要求填、挖方量大致平衡，按照这个原则计算出设计高程。

（4）计算填、挖高度。用格顶点地面高程减设计高程即得每一格顶点的填、挖方的高度。

（5）计算填、挖方量。根据方格网四个角点的高程，场地边缘界线与方格网边交点的高程，以及场地的设计高程，综合计算填方量和挖方量。

2．等高线法

当地面高低起伏较大且变化较多时，可以采用等高线法。此法是先在地形图上求出各条等高线所包围的面积，乘以等高距，得各等高线间的土方量，再求总和，即为场地内最低等高线 H_0 以上的总土方量 $V_{总}$。如要平整为一水平面的场地，其设计高程 $H_{设}$ 可按下式计算：

$$H_{设} = H_0 + \frac{V_{总}}{S} \tag{7 – 12}$$

式中：H_0——场地内的最低高程，一般不在某一条等高线上，需根据相邻等高线内插求出；

$V_总$——场地内最低高程 H_0 以上的总土方量；

S——场地总面积，由场地外轮廓线决定。

当设计高程 $H_设$ 求出以后，后续的计算工作可按方格网法进行。

3. 断面法

在地形起伏变化较大的地区，或者如道路、管线等线状建设场地，宜采用断面法来计算填、挖土方量。

如图 7-20 所示，ABCD 是某建设场地的边界线，拟按设计高程 47m 对建设场地进行平整，现采用断面法计算填方和挖方的土方量。根据建设场地边界线 ABCD 内的地形情况，每隔一定间距（图 7-20 中图上距离为 2cm）绘一垂直于场地左、右边界线 AD 和 BC 的断面图。图 7-21 所示为 A-B、I-I 的断面图。由于设计高程定位 47m，在每个断面图上，凡低于 47m 的地面与 47m 设计等高线所围成的面积即为该断面的填方面积，如图 7-21 中所示的填方面积；凡高于 47m 的地面与 47m 设计等高线所围成的面积即为该断面的挖方面积，如图 7-21 中所示的挖方面积。

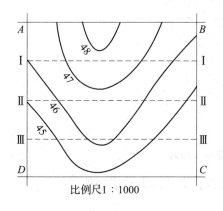

图 7-20　断面法计算土方

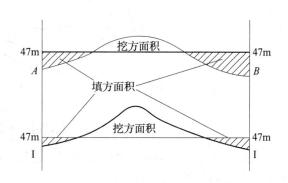

图 7-21　断面图

分别计算出每一断面的总填、挖土方面积后，然后将相邻两断面的总填（挖）土方面积相加后取平均值，再乘上相邻两断面间距 L，即可计算出相邻两断面间的填、挖土方量。

7.4.3　地形图在工程建设中的应用

1. 按限制的坡度选定最短线路

在山地、丘陵地区进行道路、管线、渠道等工程设计时，都要求线路在不超过某一限制坡度的条件下，选择一条最短路线或等坡度线。

如图 7-22 所示，欲从低处的 A 点到高地 B 点选择一条公路线，要求其坡度不大于限制坡度 i。

设等高距为 h，等高线间的平距的图上值为 d，地形图的测图比例尺分母为 M，根据坡度的定义有：$i = h/dM$，由此求得：$d = h/iM$。

在图中，设计用的地形图比例尺为 1:1000，等高距为 1m。为了满足限制坡度不大于

$i = 3.3\%$ 的要求，根据公式可以计算出该线路经过相邻等高线之间的最小水平距离 $d = 0.03\text{m}$，于是在地形图上以 A 点为圆心，以 3cm 为半径，用两脚规画弧交 54m 等高线于点 a、a'，再分别以点 a、a' 为圆心，以 3cm 为半径画弧，交 55m 等高线于点 b、b'，以此类推，直到 B 点为止。然后连接 A、a、b、…、B 和 A、a'、b'、…、B，便在图上得到符合限制坡度 $i = 3.3\%$ 的两条路线。

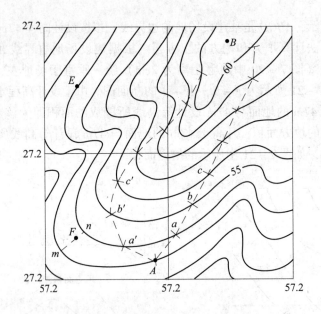

图 7 - 22　按限制的坡度选定最短线路

同时应考虑其他因素，如少占农田，建筑费用最少，避开塌方或崩裂地带等，从中选取一条作为设计线路的最佳方案。

如遇等高线之间的平距大于 3cm，以 3cm 为半径的圆弧将不会与等高线相交。这说明坡度小于限制坡度。在这种情况下，路线方向可按最短距离绘出。

2. 按一定方向绘制纵断面图

在各种线路工程设计中，为了进行填挖方量的概算，以及合理地确定线路的纵坡，都需要了解沿线路方向的地面起伏情况，为此常需利用地形图绘制沿指定方向的纵断面图。

如图 7 - 23 所示，在地形图上作 A、B 两点的连线，与各等高线相交，各交点的高程即为交点所在等高线的高程，而各交点的平距可在图上用比例尺量得。在毫米方格纸上画出两条相互垂直的轴线，以横轴 AB 表示平距，以垂直于横轴的纵轴表示高程，在地形图上量取 A 点至各交点及地形特征点的平距，并把它们分别转绘在横轴上，以相应的高程作为纵坐标，得到各交点在断面上的位置。连接这些点，即得到 AB 方向的断面图。为了更明显地表示地面的高低起伏情况，断面图上的高程比例尺一般比平距比例尺大 5～20 倍。

对地形图中某些特殊点的高程量算，如断面过山脊、山顶或山谷处的高程变化点的高程，一般用比例内插法求得。然后绘制断面图。

3. 确定汇水面积

修筑道路有时要跨越河流或山谷，这时就必须建桥梁或涵洞；兴修水库必须筑坝拦水。而桥梁、涵洞孔径的大小，水坝的设计位置与坝高，水库的蓄水量等，都要根据汇集于这个地区的水流量来确定。汇集水流量的面积称为汇水面积。

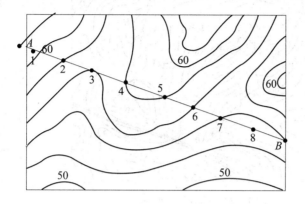

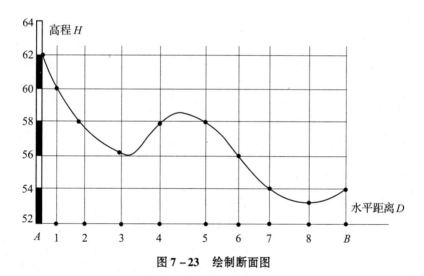

图 7−23 绘制断面图

由于雨水是沿山脊线（分水线）向两侧山坡分流，所以汇水面积的边界线是由一系列的山脊线连接而成的。如图 7−24 所示，一条公路经过山谷，拟在 P 处架桥或修涵洞，其孔径大小应根据流经该处的流水量决定，而流水量又与山谷的汇水面积有关。由山脊线和公路上的线段所围成的封闭区域 $A—B—C—D—E—F—G—H—I$ 的面积，就是这个山谷的汇水面积。量测该面积的大小，再结合气象水文资料，便可进一步确定流经公路 P 处的水量，从而对桥梁或涵洞的孔径设计提供依据。

确定汇水面积的边界线时，应注意以下几点：

1）边界线（除公路段 AB 段外）应与山脊线一致，且与等高线垂直。

2）边界线是经过一系列的山脊线、山头和鞍部的曲线，并与河谷的指定断面（公路或水坝的中心线）闭合。

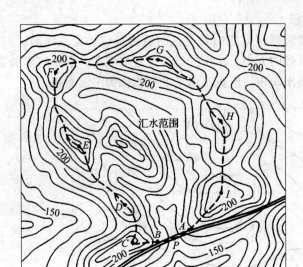

图 7-24 确定汇水面积

8 建筑施工测量

8.1 测设的基本工作

8.1.1 水平距离测设

已知水平距离的测设，是从地面某一已知点开始，沿给定方向，定出直线上另外一点，使两点之间的水平距离为给定的已知值。例如在施工现场，把房屋轴线的设计长度、道路、管线的中线在地面上标定出来，同时按设计长度定出一系列点等。

1. 钢尺测设法

如图 8-1 所示，设 A 为地面上已知点，D 为设计的水平距离，要在地面上沿给定 AB 方向上测设水平距离 D，以定出线段的另一端点 B。具体的做法是首先从 A 点开始，沿 AB 方向用钢尺边定线边进行丈量，按照设计长度 D 在地面上定出 B' 点的位置。如果建筑场地不平整，丈量时可抬高钢尺一端，使钢尺保持水平，用吊垂球的方法进行投点。往返丈量 AB' 的距离，如果相对误差在限差之内，取其平均值 D'，并将端点 B' 稍加改正，以求得 B 点的最后位置。改正数为：

$$\Delta D = D - D' \tag{8-1}$$

图 8-1 用钢尺测设水平距离

当 ΔD 为正时，向外改正；反之，则向内改正。

如果测设精度要求较高，可在定出 B' 点后，用经过检定后的钢尺精确往返丈量 AB' 的距离，并加尺长改正 Δl_l、温度改正 Δl_t 和倾斜改正 Δl_h 三项改正数，求出 AB' 的精确水平距离 D'。根据 D' 与 D 的差值 $\Delta D = D - D'$ 沿 AB 方向对 B' 点进行改正。因此设计的水平距离有下列等式成立：

$$D = D' + \Delta l_l + \Delta l_t + \Delta l_h \tag{8-2}$$

2. 电磁波测距仪测设法

由于电磁波测距仪的普及，目前水平距离的测设，特别是长距离的测设多数采用电磁波测距仪或全站仪。如图 8-2 所示，安置测距仪于 A 点，瞄准 AB 方向，指挥装在对中杆上的棱镜前后移动，使仪器显示值略大于测设的距离，并定出 B' 点。在 B' 点安置反光棱镜，测出竖直角 a 及斜距 L（必要时加测气象改正），计算水平距离。

$$D' = L\cos a \tag{8-3}$$

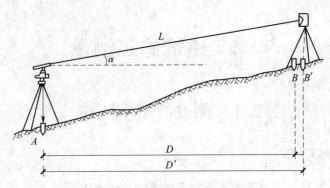

图 8 - 2　测距仪测设水平距离

求出 D' 与应测设的水平距离 D 之差 $\Delta D = D - D'$。根据 ΔD 的符号在实地用钢尺沿测设方向将 B' 改正至 B 点，同时用木桩标定其点位。为了检核，应将反光镜安置于 B 点，再实测 AB 距离，其不符值应在限差之内，否则要再次进行改正，直至符合限差为止。若用全站仪测设，仪器可直接显示水平距离，在测设过程中，反光镜在已知方向上前后移动，使仪器显示值等于测设距离即可。

8.1.2　水平角测设

水平角测设的任务是根据地面已存在的一个已知方向，将设计角度的另一个方向测设到地面上。水平角测设的仪器是经纬仪或全站仪。

1. 正、倒镜分中法

如图 8 - 3 所示，设地面上已有 AB 方向，要在 A 点以 AB 为起始方向，向右侧测设出设计的水平角 β。首先将经纬仪（或全站仪）安置在 A 点之后，其测设工作步骤如下：

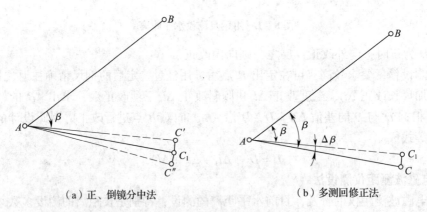

（a）正、倒镜分中法　　　　　　　（b）多测回修正法

图 8 - 3　水平角的测设方法

1）盘左瞄准 B 点，并读取水平度盘读数为 L_A，松开制动螺旋，顺时针转动仪器，当水平度盘读数约为 $L_A + \beta$ 时，制动照准部，同时旋转水平微动螺旋，使水平度盘读数准确对准 $L_A + \beta$，在视线方向上定出 C' 点。

2）倒转望远镜成盘右位置，先瞄准 B 点，然后按上述操作方法定出 C''；取 C'、C'' 的中点为 C_1，则 $\angle BAC_1$ 即为所测设的 β 角。

2. 多测回修正法

先用正、倒镜方法测设出 β 角定 C_1。接着用多测回法测量 $\angle BAC_1$（一般 2~3 测回），设角度观测的平均值为 β'，则其与设计角值 β 的差 $\Delta\beta = \beta' - \beta$（以秒为单位），如果 AC_1 的水平距离为 D，则 C_1 点偏离正确点位 C 的距离为：

$$CC_1 = D\tan\Delta\beta = D\frac{\Delta\beta''}{\rho''} \tag{8-4}$$

假若 D 为 123.456m，$\Delta\beta = -12''$，则 $CC_1 = 7.2$mm。因 $\Delta\beta < 0$，说明测设的角度小于设计的角度，因此要对其进行调整。此时，可用小三角板，从 C_1 点起，沿垂直于 AC_1 方向的垂线向外量 7.2mm 以定出 C 点，则 $\angle BAC$ 即为最终测设的 β 角度。

8.1.3 高程测设

在施工放样中，经常要把设计的建筑物第一层地坪的高程（称 ±0.000 标高）及房屋其他各部位的设计高程在地面上标定出来，作为施工的依据。这项工作称为测设已知高程。

1. 测设 ±0.000 标高线

如图 8-4 所示，为了要将某建筑物 ±0.000 标高线（其高程为 $H_{设}$）测设到现有建筑物墙上，现安置水准仪于水准点 R 与某现有建筑物 A 之间，水准点 R 上立水准尺，水准仪观测得后视读数 a，此时视线高程 $H_{视}$ 为：$H_{视} = H_R + a$。另一根水准尺由前尺手扶持使其紧贴建筑物墙 A 上，该前视尺应读数 $b_{应}$ 为：$b_{应} = H_{视} - H_{设}$。在此操作时，前视尺上下移动，当水准仪在尺上的读数恰好等于 $b_{应}$ 时，紧靠尺底在建筑物墙上画个横线，此横线即为设计高程位置，即 ±0.000 标高线。为求醒目，再在横线下用红油漆画个"▲"，并在横线上注明"±0.000 标高"。

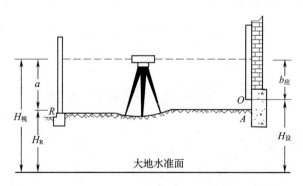

图 8-4　测设 ±0.000 高程

2. 高程上下传递法

若待测设高程点，其设计高程与水准点的高程差异很大，如测设较深的基坑标高或测设高层建筑物的标高。只用标尺根本无法放样，此时可借助钢尺，将地面水准点的高程传递到在坑底或高楼上所设置的临时水准点上，然后再根据临时水准点测设其他各点的设计高程。

图 8-5 是将地面水准点 A 的高程传递到基坑临时水准点 B 上。

在坑边木杆上悬挂经过检定的钢尺，零点在下端，并挂 10kg 重锤，为减少摆动，重锤放入盛废机油或水的桶内，在地面上和坑内分别安置水准仪，瞄准水准尺和钢尺读数（如图 8-5 中 a、b、c 和 d 所示），则：

$$H_B + b = H_A + a - (c - d)$$

即：

$$H_B = H_A + a - (c - d) - b \tag{8-5}$$

H_B 求出后，即可以临时水准点 B 为后视点，测设坑底其他各待测设高程点的设计高程。

如图 8-6 所示，是将地面水准点 A 的高程传递到高层建筑物上，方法与上面提到的类似。任一层上临时水准点 B_i 的高程为：

$$H_{B_i} = H_A + a + (c_i - d) - b_i \tag{8-6}$$

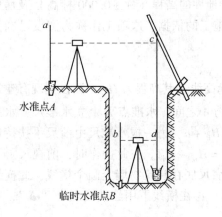

图 8-5   测设基坑临时水准点 B

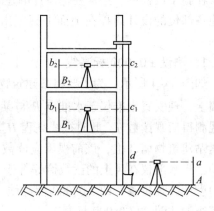

图 8-6   高层建筑高程传递

H_{B_i} 求出后，即可以临时水准点 B_i 为后视点，测设第 i 层高楼上其他各待测设高程点的设计高程。

8.2   平面点位测设的方法

8.2.1   极坐标法

极坐标法是根据控制点、水平角和水平距离测设点平面位置的方法。在控制点与测设点之间便于钢尺量距（或电子测距）的情况下，采用此法较为合适，而利用测距仪或全站仪测设水平距离，则没有此项限制，而且工作效率和精度都较高。

如图 8-7 所示，A (x_A, y_A)、B (x_B, y_B) 为已知控制点，1 (x_1, y_1)，2 (x_2, y_2) 点为待测设点。根据已知点坐标和测设点坐标，用坐标反算方法计算出测设数据，即 D_1，D_2；$\beta_1 = a_{A1} - a_{AB}$，$\beta_2 = a_{A2} - a_{AB}$。

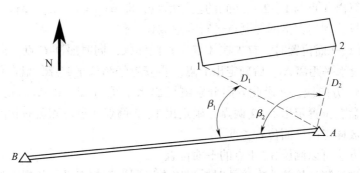

图8-7 极坐标法测设点的平面位置

测设过程中，将经纬仪安置在 A 点，后视 B 点，取盘左位，并置度盘为零，按盘左盘右分中法测设水平角 β_1、β_2，并定出1、2点方向，沿此方向测设出水平距离 D_1、D_2，则可在地面标定出设计点位1、2两点。

最后要进行检核。在检核时，可以采用丈量实地1、2两点之间的水平边长，并与1、2两点设计坐标反算出的水平边长进行比较。注意必须达到精度要求，否则需重新放样。

如果待测设点的精度要求较高，则可以利用上述的精确方法测设水平角和水平距离。

8.2.2 直角坐标法

直角坐标法是根据直角坐标的基本原理所形成的一种测设点位的工作方法。通常情况下，当建筑场地已建立有主轴线或建筑方格网时，一般采用直角坐标法来完成施工场地上的测设工作。

如图8-8所示，A、B、C、D 为建筑方格网（或建筑基线）控制点，1、2、3、4点为待测设建筑物轴线的交点，建筑方格网（或建筑基线）要分别平行或垂直于待测设建筑物的轴线。根据控制点的坐标和待测设点的坐标可以计算出两者之间的坐标增量。下面以测设1、2点为例，以此说明测设方法。

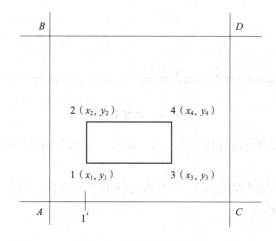

图8-8 直角坐标法放样

首先应计算出 A 点与 1、2 点之间的坐标增量，即 $\Delta x_{A1} = x_1 - x_A$，$\Delta y_{A1} = y_1 - y_A$。然后即可在施工现场，利用方格网控制点进行实地放样工作。

测设 1、2 点平面位置时，首先在 A 点安置经纬仪，同时照准 C 点，沿此视线方向由 A 向 C 方向测设水平距离 Δy_{A1} 后确定出 $1'$ 点。再安置经纬仪于 $1'$ 点，盘左照准 C 点（或 A 点），测设出 $90°$ 方向线，并沿此方向分别测设出水平距离 Δx_{A1} 和 $\Delta x_{1,2}$ 定 1、2 两点。使用相同方法以盘右位置定出 1、2 两点，确定出 1、2 两点在盘左和盘右状况下测设点的中点，即为所需放样点的平面位置。

采用同样方法可以测设 3、4 点的平面位置。

最后，要进行测量检核。在检核时，可以在已测设好的点平面位置上架设经纬仪，检测各个角度是否均符合设计要求，并测量各条边长。必须使之达到所需质量标准。

8.2.3 前方交会法

1. 角度交会法

角度交会法是分别在两个控制点上安置经纬仪，根据相应的水平角测设出相应的方向，同时根据两个方向交会定出点位平面位置的一种放样方法。此法适用于测设点距离控制点较远或量距有困难的情形。

如图 8-9 所示，首先，根据控制点 A、B 和测设点 1、2 的坐标，反算测设出数据 β_{A1}、β_{A2}、β_{B1}、β_{B1} 角度值。随后，将经纬仪安置在 A 点，并瞄准 B 点，利用 β_{A1}、β_{A2} 角值按照盘左盘右分中法，分别定出 A1、A2 方向线，并在其方向线上的 1、2 两点附近分别打上两个木桩（俗称骑马桩），桩上钉小钉以标明此方向，同时用细线拉紧。然后在 B 点安置经纬仪，采用同样方法定出 B1、B2 方向线。根据 A1 和 B1、A2 和 B2 的方向线，可以分别交出 1、2 两点，即为所求待测设点的位置。

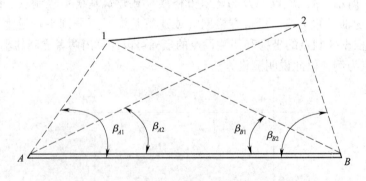

图 8-9 角度交会法

当然，也可以利用两台经纬仪分别在 A、B 两个控制点同时设站，在测设出方向线后标出 1、2 两点。

在检核时，可以采用丈量实地 1、2 两点之间的水平边长，与 1、2 两点设计坐标反算出的水平边长进行比较。

2. 距离交会法

距离交会法是分别从两个控制点利用两段已知距离进行交会定点的方法。当建筑场地平坦且便于量距时，采用此法较为方便。

如图 8 - 10 所示，A、B 为控制点，1 点为待测设点。首先，根据控制点和待测设点的坐标反算出测设数据 D_A 和 D_B，随后用钢尺从 A、B 两点分别测设两段水平距离 D_A 和 D_B，其交点即为所求 1 点的平面位置。

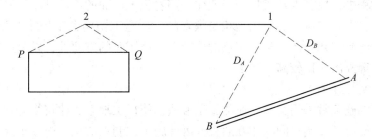

图 8 - 10 距离交会法

同样，2 点的位置可以由附近的地形点 P、Q 交会后求出。

检核时，可以实地丈量 1、2 两点之间的水平距离，并与 1、2 两点设计坐标反算出的水平距离进行比较。

8.3 施工场地控制测量

8.3.1 施工控制网

施工控制网种类如图 8 - 11 所示。

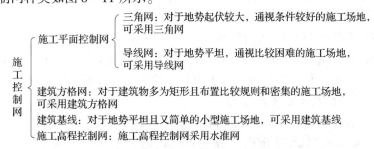

图 8 - 11 施工控制网

与测图控制网相比，施工控制网具有控制点密度大、范围小、精度要求高及使用频繁等特点。

布设施工控制网应根据建筑总平面设计图和施工地区的地形条件确定。在大中型建筑施工场地上，施工控制网多用正方形或矩形网格组成，称为建筑方格网。在面积较小、地形又不十分复杂的建筑场地上，常布设成一条或几条基线进行施工控制。

一般来说，施工阶段的测量控制网具有以下特点：

（1）控制的范围小，控制点的密度大，精度要求高。

工程施工场区范围相对较小，控制网所控制的范围就比较小。如一般的工业建筑场地通常都在 1km^2 以下，大的场地也在 10km^2 以内。在这样一个相对狭小的范围内，各种建筑物的分布错综复杂，若没有较为密集的控制点，是无法满足施工期间的放样工作的。

施工测量的主要任务是放样建筑物的轴线。这些轴线的位置偏差都有一定的限值，其精度要求相对较高，故施工控制网的精度就较高。

（2）控制网点使用频繁。

在施工过程中，控制点常直接用于放样。随着施工层面的逐层升高，需经常地进行轴线点位的投测，由此控制点的使用是相当频繁的，从施工初期到工程竣工乃至投入使用，这些控制点可能要用几十次，对控制点的稳定性、使用时的方便性，以及点位在施工期间保存的可能性等提出了比较高的要求。

（3）易受施工干扰。

现代工程的施工常采用交叉作业的施工方法，使得工地上各建筑物的施工高度彼此相差较大，从而妨碍了控制点间的相互通视。因此施工控制点的位置应分布恰当，密度应比较大，以便在放样时有所选择。

8.3.2　建筑方格网

1. 建筑方格网的布置

在大中型建筑场地上，由正方形或矩形组合而成的施工控制网，称为建筑方格网。方格网的形式有正方形、矩形两种。建筑方格网的布设要根据总平面图上各种已建和待建的建筑物、道路以及各种管线的布设情况，并且结合现场的具体地形条件来确定。在设计时要先选定方格网的主轴线，之后再布置其他的方格点。方格网是场区建（构）筑物放线的依据，在布网过程中要考虑以下几点：

1）建筑方格网的主轴线位于建筑场地的中央，同时与主要建筑物的轴线平行或垂直，并且使方格网点近于测设对象。

2）方格网的转折角应严格保证成90°。

3）方格网的边长通常为100～200m，边长的相对精度通常为1/20000～1/10000。

4）按照实际地形布设，使控制点位于测角、量距比较方便的地方，并且使埋设标桩的高程与场地的设计标高不要相差太大。

5）当场地面积不大时，要布设成全面方格网。若场地面积较大，应分二级布设，首级可采用"十"字形、"口"字形或"田"字形，随后再加密方格网。

建筑方格网的轴线与建筑物轴线要保持平行或垂直，所以用直角坐标法进行建筑物的定位、放线较为方便，并且精度较高。但是由于建筑方格网必须按总平面图的设计来布置，放样工作量成倍增加，其点位缺乏灵活性，易被毁坏，因此在全站仪逐步普及的条件下，正逐渐被导线网或三角网所代替。

2. 建筑方格网的测设

（1）主轴线的测设。因为建筑方格网是根据场地主轴线布置的，所以在测设时，要首先根据场地原有的测图控制点，并且测设出主轴线三个主点。

如图8-12所示，Ⅰ、Ⅱ、Ⅲ三点为附近已有的测图控制点，其已知坐标；A、O、B三点为选定的主轴线上的主点，其坐标可算出，则根据三个测图控制点Ⅰ、Ⅱ、Ⅲ，采用极坐标法即可测设出A、O、B三个主点。

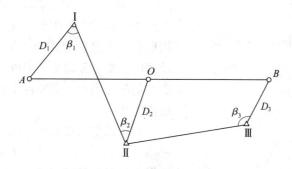

图 8 – 12 主轴线的测设

测设三个主点的主要过程：先将 A、O、B 三点的施工坐标换算成测图坐标；然后根据它们的坐标与测图控制点 Ⅰ、Ⅱ、Ⅲ 的坐标关系，计算出放样数据 β_1、β_2、β_3 和 D_1、D_2、D_3，如图 8 – 12 所示；随后采用极坐标法测设出三个主点 A、O、B 的概略位置为 A'、O'、B'。

当三个主点的概略位置在地面上标定完后，要检查三个主点是否在一条直线上。由于测量存在误差，使测设的三个主点 A'、O'、B' 不在一条直线上，如图 8 – 13 所示，因此安置经纬仪于 O' 点上，精确检测 $\angle A'O'B'$ 的角值 β，若检测角 β 的值与 180°之差，超过表 8 – 1 规定的容许值，则需要对点位进行调整。

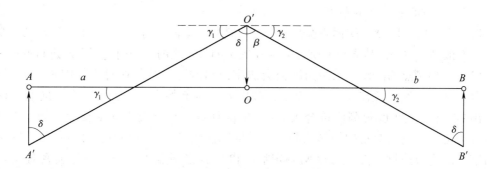

图 8 – 13 主轴线的调整

表 8 – 1 建筑方格网的主要技术要求

等级	边长（m）	测角中误差（″）	边长相对中误差
Ⅰ 级	100～300	5	≤1/30000
Ⅱ 级	100～300	8	≤1/20000

调整三个主点的位置时，要先根据三个主点间的距离 a 和 b 按照下列公式计算调整值 δ，即：

$$\delta = \frac{ab}{a+b} \times \left(90° - \frac{\beta}{2}\right) \times \frac{1}{\rho} \tag{8 – 7}$$

其中 $\rho = 206265''$。

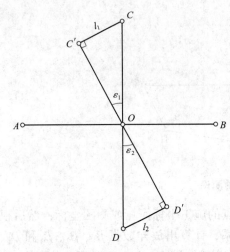

图 8 – 14　测设另一条主轴线 COD

将 A′、O′、B′ 三点沿与轴线垂直方向移动一个改正值 δ，但是 O′ 点与 A′、B′ 两点移动的方向相反，移动之后得出 A、O、B 三点。为保证测设精度，要重复检测 ∠AOB，若检测结果与 180° 之差仍超过限差，则要再调整，直至误差在容许值内为止。

除了调整角度之外，还需调整三个主点间的距离。先丈量检查 AO 及 OB 的距离，假若检查结果与设计长度之差的相对误差大于表 8 – 1 的规定，则以 O 点为准，按设计长度调整 A、B 两点，需反复调整，直至误差在容许值以内为止。

当主轴线的三个主点 A、O、B 定位好后，就可测设与 AOB 主轴线相垂直的另一条主轴线 COD。如图 8 – 14 所示，将经纬仪安置在 O 点上，照准 A 点，分别向左、向右测设 90°；同时可根据 CO 和 OD 的距离，在地面上分别标定 C、D 两点的概略位置为 C′、D′；然后精确测出 ∠AOC′ 及 ∠AOD′ 的角值，其角值与 90° 之差为 ε_1 和 ε_2，若 ε_1 和 ε_2 大于表 8 – 1 的规定，则可按式（8 – 8）求改正数 l，即：

$$l = L\varepsilon/\rho \qquad\qquad (8-8)$$

其中 L 为 OC′ 或 OD′ 的距离。

根据改正数，将 C′、D′ 两点分别沿 OC′、OD′ 的垂直方向移动 l_1、l_2，得出 C、D 两点。接着检测 ∠COD，其值与 180° 之差应在规定的限差之内，否则需要再次进行调整。

（2）方格网点的测设。采用角度交会法定出格网点。其作业过程如图 8 – 15 所示：用两台经纬仪分别安置在 A、C 两点上，都以 O 点为起始方向，分别向左、向右精确地测设出 90° 角，其角度观测应符合表 8 – 2 中的规定。在测设方向上交会 1 点，交点 1 的位置确定后，进行交角的检测和调整，采取同法测设出主方格网点 2、3、4，即构成了田字形的主方格网。在主方格网测定后，以主方格网点为基础，进行加密其余各格网点。

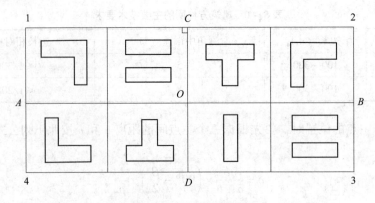

图 8 – 15　建筑方格网

表 8 – 2　方格网测设角度观测要求

方格网等级	经纬仪型号	测角中误差（"）	测回数	测微器两次读数（"）	半测回归零差（"）	一测回2C值互差（"）	各测回方向互差（"）
I 级	DJ1	5	2	≤1	≤6	≤9	≤6
	DJ2	5	3	≤3	≤8	≤13	≤9
II 级	DJ2	8	2	—	≤12	≤18	≤12

8.3.3　建筑基线

1. 建筑基线的布线形式

建筑基线的布置也是根据建筑物的分布、场地的地形和原有控制点的状况而选定的。建筑基线应靠近主要建筑物，并与其轴线平行或垂直，以便采用直角坐标法或极坐标法进行测设。建筑基线主点间应相互通视，边长为 100 ~ 300m，其测设精度应满足施工放样的要求，通常可在总平面图上设计，其形式一般有 3 点 "一" 字形、3 点 "L" 字形、4 点 "T" 字形和 5 点 "十" 字形等几种，如图 8 – 16 所示。为了便于检查建筑基线点有无变动，布置的基线点数不应少于 3 个。

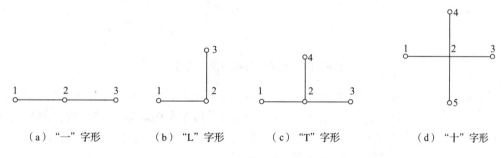

　（a）"一"字形　　　（b）"L"字形　　　（c）"T"字形　　　（d）"十"字形

图 8 – 16　建筑基线布设形式

2. 建筑基线的测设方法

（1）按照建筑基线的红线测设。建筑红线是指由城市测绘部门测定的建筑用地界定基准线，在城市建设区，建筑红线可以用作建筑基线测设的依据。

如图 8 – 17 所示，AB、AC 为建筑红线，1、2、3 为建筑基线点，利用建筑红线测设建筑基线的方法如下：

首先，从 A 点沿 AB 方向量取 d_1 定出 2 点，沿 AC 方向量取 d_2 定出 3 点。

过 B 点作 AB 的垂线，沿垂线量取 d_1 定出 2 点，作出标志；过 C 点作 AC 的垂线，沿垂线量取 d_2 定出 3 点，作出标志；用细线拉出直线 3 – 1' 和 2 – 1″分别平行于 AC 和 AB，两条直线的交点即为 1 点，作出标志。

在 1 点安置经纬仪，精确观测∠213，其与 90°的差值应小于 ±20″。

（2）用已有控制点测设建筑基线。在建筑场地上设有建筑红线作为依据时，可以利用建筑基线的设计坐标和附近已有控制点的坐标，用极坐标法测设建筑基线。

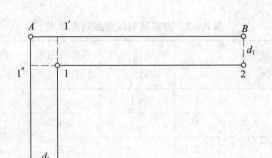

图 8 - 17　根据建筑红线测设建筑基线

如图 8 - 18 所示，A、B 为附近已有控制点，1、2、3 为选定的建筑基线点。

根据已知控制点和建筑基线点的坐标，计算出测设数据 β_1、D_1、β_2、D_2、β_3、D_3。然后用极坐标法测设 1、2、3 点。

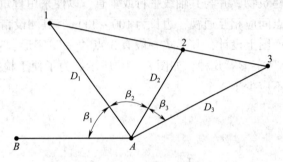

图 8 - 18　根据控制点测设建筑基线

因为存在测量误差，测设的基线点往往不在同一直线上，且点与点之间的距离与设计值也不完全相符，因此需要精确测出已测设直线的折角 β' 和距离 D'，并与设计值相比较。如图 8 - 19 所示，如果 $\Delta\beta = \beta' - 180°$ 超过 $\pm 15''$，则应对 1'、2'、3' 点在与基线垂直的方向上进行等量调整，调整量按下式计算：

$$\delta = \frac{ab}{a+b} \times \frac{\Delta\beta}{2\rho} \tag{8-9}$$

式中：δ——各点的调整值（m）；

a、b——直线 1 - 2、2 - 3 的长度（m）。

如果测设距离超限，即 $\frac{\Delta D}{D} = \frac{D' - D}{D} > \frac{1}{10000}$，则以 2 点为准，按照设计长度沿基线方向调整 1'、3' 点。

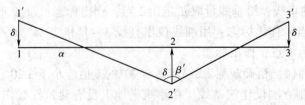

图 8 - 19　基线点的调整

8.3.4　高程施工控制网

至于施工场地的高程施工控制网，其在点位分布和密度方面应完全满足施工时的需要。在施工期间，要求在建筑物近旁的不同高度上都必须布设临时水准点。其密度应保证放样时只设一个测站，便可将高程传递到建筑物的施工层面上。场地上的水准点应布设在土质坚固、不受施工干扰且便于长期使用的地方。施工场地上相邻水准点的间距应小于1km，各水准点距离建筑物、构筑物不应小于25m；距离基坑回填边线不应小于15m，以保证各水准点的稳定，方便进行高程放样工作。

高程控制网通常分为第一级网（布满整个施工场地的基本高程控制网）和二级网（根据各施工阶段放样需要而布设的加密网）。对其中基本高程控制网的布设，中小型建筑场地可按照四等水准测量要求进行；连续生产的厂房或排水管道等工程施工场地则采用三等水准测量要求进行施测，一般应布设成附合路线或是闭合环线网，在施工场区应布设不少于3个基本高程水准点，加密网可用图根水准测量或四等水准测量要求进行布设，其水准点应分布合理且具有足够的密度，以满足建筑施工中高程测设的需要。一般在施工场地上，平面控制点均应联测在高程控制网中，同时兼作高程控制点使用。

为了施工高程引测的方便，可在建筑场地内每隔一段距离（如50m）测设以建筑物底层室内地坪±0.000为标高的水准点。测设时应注意，不同建（构）筑物设计的±0.000不一定是相同的高程，因而必须按施工建筑物设计数据具体测设。另外，在施工中，若某些水准点标桩不能长期保存时，应将其引测到附近的建（构）筑物上，引测的精度不得低于原有水准测量的等级要求。

8.4　民用建筑施工测量

8.4.1　测设前的准备工作

1. 熟悉图纸

设计图纸是施工测量的主要依据，测设前应充分熟悉各种有关的设计图纸，以便了解施工建筑物与相邻地物的相互关系及建筑物本身的内部尺寸关系，准确无误地获取测设工作中所需要的各种定位数据。建筑总平面图、建筑平面图、基础平面图及基础详图、立面图和剖面图都是与测设工作相关的设计图纸。在熟悉图纸的过程中，应仔细核对各种图纸上相同部位的尺寸是否一致，同一图纸上总尺寸与各有关部位尺寸之和是否一致，以免发生错误。

2. 进行现场踏勘并校核定位的平面控制点和水准点

进行现场踏勘的目的是了解现场的地物、地貌及控制点的分布情况，并调查与施工测量有关的问题。在使用前应校核建筑物地面上的平面控制点点位是否正确，并应实地检测水准点的高程。通过校核，取得正确的测量起始数据和点位。

3. 确定测设方案

在熟悉设计图纸、掌握施工计划和施工进度的基础上，结合实际情况和现场条件，拟定测设方案。测设方案内容包括测设方法、测设步骤、采用的仪器工具、精度要求、时间安排等。

4．准备测设数据

在每次现场测设之前，应根据设计图纸和测量控制点的分布情况，准备好相应的测设数据，并对数据进行检核，除计算必需的测设数据外，还需从以下图纸查取房屋内部平面尺寸和高程数据。

1）从建筑总平面图上查出或计算出设计建筑物与原有建筑物或测量控制点之间的平面尺寸和高差，并以此作为测设建筑物总体位置的依据。

2）在建筑平面图中，查取建筑物的总尺寸和内部各定位轴线之间的尺寸关系，这是施工放样的基本资料。

3）从基础平面图中查取定位轴线与基础边线的平面尺寸，以及基础布置与基础剖面的位置关系。

4）基础高程测设的依据是从基础详图中查取的基础设计标高、立面尺寸及基础边线与定位轴线的尺寸关系。

5）从建筑物的立面图和剖面图中，查取基础、地坪、门窗、楼板、屋面等设计高程。这是高程测设的主要依据。

8.4.2　建筑物的定位和放线

在建筑物的定位和放线过程中，普遍采用全站仪。在使用全站仪的过程中，必须根据定位和放线的精度选择使用全站仪。

1．建筑物的定位

建筑物四周外廓主要轴线的交点决定了建筑物在地面上的位置，称之为定位点或角点，建筑物的定位就是根据设计条件，将这些轴线交点测设到地面上，作为细部轴线放线和基础放线的依据。由于设计条件和现场条件不同，建筑物的定位方法也有所不同，因此常见的三种定位方法如下：

（1）根据控制点定位。如果待定位建筑物的定位点设计坐标是已知的，且附近有高级控制点可供利用，可根据实际情况选用极坐标法、角度交会法或距离交会法测设定位点。在这三种方法中，极坐标法是用得最多的一种定位方法。

（2）根据建筑方格网和建筑基线定位。如果待定位建筑物的定位点设计坐标是已知的，且建筑场地已设有建筑方格网或建筑基线，可利用直角坐标法测设定位点，当然也可用极坐标法等其他方法进行测设，但直角坐标法所需要的测设数据计算较为方便，在使用全站仪或经纬仪和钢尺实地测设时，建筑物总尺寸和四大角的精度容易控制和检核。

（3）根据与原有建筑物和道路的关系定位。如果设计图上只给出新建筑物与附近原有建筑物或道路的相互关系，且没有提供建筑物定位点的坐标，周围又没有测量控制点，建筑方格网和建筑基线可供利用，可根据原有建筑物的边线或道路中心线，将新建筑物的定位点测设出来。

具体测设方法因实际情况而定，但基本过程是一致的，就是在现场先找出原有建筑物的边线或道路中心线，再用全站仪或经纬仪和钢尺将其延长、平移、旋转或相交，得到新建筑物的一条定位轴线；然后根据这条定位轴线，用经纬仪测设角度（一般是直角），用钢尺测设长度，得到其他定位轴线或定位点；最后检核四条定位轴线四个大角和长度是否与设计值一致。具体测设的方法如下：

如图 8－20 所示，先用钢尺沿已有建筑物的东、西墙，延长一段距离 l 得 a、b 两点，用木桩标定。将经纬仪安置在 a 点上，照准 b 点，然后延长该方向线 14.240m 得 c 点，再继续沿 ab 方向从 c 点起量 25.800m 得 d 点，cd 线就是用于测设拟建建筑物平面位置的建筑基线。

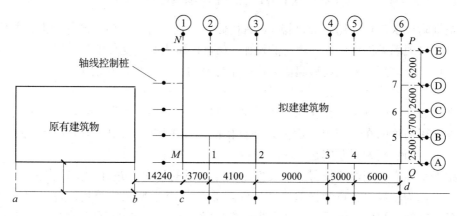

图 8－20　建筑物的定位和放线（单位：mm）

将经纬仪分别安置在 c、d 两点上，后视 a 点并转 90°沿视线方向量出距离 l + 0.240m，得 M、Q 两点，再继续量出 15.000m 得 N、P 两点，M、N、P、Q 四点即为拟建建筑物外轮廓定位轴线的交点。最后还要检查 NP 的距离是否等于 25.800m，$\angle PNM$ 和 $\angle NPQ$ 是否等于 90°，误差分别在 1/5000 和 40″之内即可。

2. 建筑物的放线

根据现场已测设好的建筑物定位点，详细测设其他各轴线交点的位置，并将其延伸到安全的地方做好标志，称为建筑物的放线。然后以细部轴线为依据，按基础宽度和放坡要求用白灰撒出基础开挖边线。

（1）测设细部轴线交点。如图 8－20 所示，在 M 点安置经纬仪，照准 Q 点，把钢尺的零端对准 M 点，沿视线方向拉钢尺分别定出 1、2、3、…各点。同理可定出其他各点。测设完最后一个点后，用钢尺检查各相邻轴线桩的间距是否等于设计值，误差应小于1/3000。

（2）引测轴线。在基槽或基坑开挖时，定位桩和细部轴线桩均被挖掉，为了使开挖后各阶段施工能准确地恢复各轴线位置，应在各轴线延长到开挖范围以外的地方做好标志，这个工作叫作引测轴线，具体有设置龙门板和轴线控制桩两种形式。

1）设置龙门板法。

①如图 8－21 所示，在建筑物四角和中间隔墙的两端，距基槽边线约 2m 以外处，牢固地埋设大木桩，称为龙门桩。桩的一侧平行于基槽。

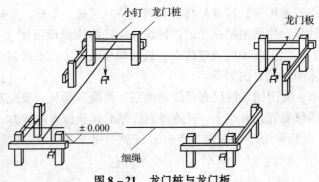

图 8-21 龙门桩与龙门板

②根据附近水准点，用水准仪将 ±0.000 标高测设在每个龙门桩的外侧上，并画出横线标志。如果现场条件不允许，也可测设比 ±0.000 高或低一定数值的标高线，同一建筑物最好只用一个标高，如因地形起伏大用两个标高时，一定要标注清楚，以免使用时发生错误。

③在相邻两龙门桩上钉设木板，称为龙门板。龙门板的上沿应和龙门桩上的横线对齐，使龙门板的顶面在一个水平面上，并且标高为 ±0.000，或比 ±0.000 高低一定的数值，龙门板顶面标高的误差应在 ±5mm 以内。

④根据轴线桩，用经纬仪将各轴线投测到龙门板的顶面，并钉上小钉作为轴线标志。此钉轴标志称为轴线钉，投测误差应在 ±5mm 以内。对小型的建筑物，也可用拉细线绳的方法延长轴线，再钉上轴线钉。如事先已打好龙门板，可在测设细部轴线的同时钉设轴线钉，以减少重复安置仪器的工作量。

⑤用钢尺沿龙门板顶面检查轴线钉的间距，其相对误差不应超过 1/3000。

恢复轴线时，经纬仪安置在一个轴线钉上方，照准相应的另一个轴线钉，其视线即为轴线方向，往下转动望远镜，便可将轴线投测到基槽或基坑内。也可用细线绳将相对的两个轴线钉连接起来，借助于垂球，将轴线投测到基槽或基坑内。

2）设置轴线控制桩法。

由于龙门板需要较多木料，而且占用场地，使用机械开挖时容易被破坏，因此也可以在基槽或基坑外各轴线的延长线上测设轴线控制桩，作为以后恢复轴线的依据。即使采用了龙门板，为了防止被碰触，对主要轴线也应测设轴线控制桩。

轴线控制桩一般设在开挖边线 4m 以外的地方，并用水泥砂浆加固。附近最好有固定建筑物和构筑物，这时应将轴线投测在这些物体上，使轴线更容易得到保护。但每条轴线至少应有一个控制桩设在地面上，以便今后能安置经纬仪恢复轴线。

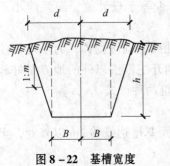

图 8-22 基槽宽度

（3）槽开挖边线。先按基础剖面图给出的设计尺寸计算基槽的开挖宽度 2d。如图 8-22 所示。计算公式如下：

$$d = B + mh \qquad (8-10)$$

式中：B——基底宽度，可由基础剖面图查取；

h——基槽深度；

m——边坡坡度分母。

　　根据计算结果，在地面上以轴线为中线往两边各量出 d，拉线并撒上白灰，即为开挖边线。如果是基坑开挖，只需按最外围墙体基础的宽度、深度及放坡确定开挖边线。

8.4.3 基础工程施工测量

　　当完成建筑物轴线的定位和放线后，便可按基础平面图上的设计尺寸，利用龙门板上所标示的基槽宽度，在地面上撒出白灰线，由施工者进行基础开挖并实施基础测量工作。

1. 基槽与基坑抄平

　　基槽开挖到接近基底设计标高时，为了控制开挖深度，可用水准仪根据地面上 ±0.000 标志点（或龙门板）在基槽壁上测设一些比槽底设计高程高 0.3~0.5m 的水平小木桩，如图 8-23 所示，作为控制挖槽深度、修平槽底和打基础垫层的依据。通常应在各槽壁拐角处、深度变化处和基槽壁上每间隔 3~4m 测设水平桩。

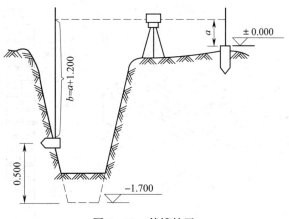

图 8-23　基槽抄平

　　如图 8-23 所示，槽底设计标高为 -1.700m，现要求测设出比槽底设计标高高 0.500m 的水平桩，首先安置好水准仪，立水准尺于龙门板顶面（或 ±0.000 的标志桩上），读取后视读数 a 为 0.546m，则可求得测设水平桩的前视读数 b 为 1.746m。然后将尺立于基槽壁并上下移动，直至水准仪视线读数为 1.746m 时，即可沿尺底部在基槽壁上打小木桩，同法施测其他水平桩，完成基槽抄平工作。水平桩测设的允许误差为 ±10mm。清槽后，即可按照水平桩在槽底测设出顶面高程恰为垫层设计标高的木桩，用以控制垫层的施工高度。

　　所挖基槽呈深基坑状的叫基坑。如果基坑过深，用一般方法不能直接测定坑底位置时，可用悬挂的钢尺代替水准尺，用两次传递的方法来测设基坑设计标高，以监控基坑抄平。

2. 基础垫层上墙体中线的测设

　　基础垫层打好后，可以根据龙门板上的轴线钉或轴线控制桩，用经纬仪或拉绳挂垂球的方法，把轴线投测到垫层上，如图 8-24 所示。然后用墨线弹出墙中心线和基础边线（俗称摆底），以作为砌筑基础的依据。最终应严格校核后方可进行基础的砌筑施工。

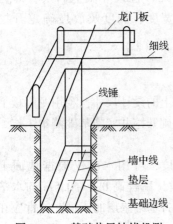

图 8 – 24　基础垫层轴线投测

3. 基础标高的控制

房屋基础墙（±0.000 以下部分）的高度是用皮数杆来控制的。基础皮数杆是一根木（或铝合金）制的直杆，如图 8 – 25 所示，事先在杆上按照设计尺寸，将砖、灰缝厚度画出线条，并标明 ±0.000 和防潮层等的位置。设立皮数杆时，先在立杆处打木桩，并且在木桩侧面定出一条高于垫层标高某一数值的水平线，然后将皮数杆上高度与其相同的水平线相互对齐，且将皮数杆与木桩钉在一起，作为基础墙高度施工的依据。

基础施工完后，应检查基础面的标高是否符合设计要求（也可检查防潮层），一般用水准仪测出基础面上若干点的高程与设计高程相比较，允许误差为 ±10mm。

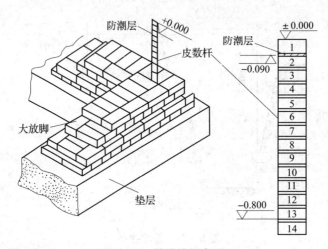

图 8 – 25　基础墙标高测设

8.4.4　墙体施工测量

1. 墙体定位

在基础工程结束后，应对龙门板（或控制桩）进行复核，以防移位。复核无误后，可利用龙门板或控制桩将轴线测设到基础或防潮层等部位的侧面，如图 8 – 26 所示，作为向上投测轴线的依据。同时也把门、窗和其他洞口的边线在外墙立面上画出。放线时先将各主要墙的轴线弹出，经检查无误后，再将其余轴线全部弹出。

2. 墙体皮数杆的设置

在墙体砌筑施工中，墙身各部位的标高和砖缝水平及墙面平整是用皮数杆来控制和传递的。

皮数杆是根据建筑剖面图画出每皮砖和灰缝的厚度，并注明墙体上窗台、门窗洞口、过梁、雨篷、圈梁、楼板等构件高程位置专用木杆，如图 8 – 27 所示。在墙体施工中，用皮数杆可以保证墙身各部位构件的位置准确，每皮砖灰缝厚度均匀，每皮砖都处在同一水平面上。

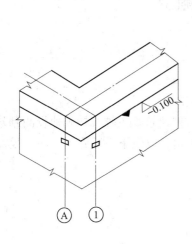

图 8 - 26　墙体定位

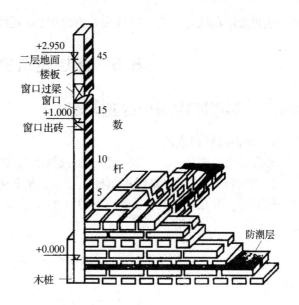

图 8 - 27　墙体皮数杆的设置

皮数杆一般立在建筑物的拐角和隔墙处（图 8 - 27）。立皮数杆时，先在立杆地面上打一木桩，用水准仪在其上测画出 ±0.000 标高位置线，测量容许误差为 ±3mm；然后把皮数杆上的 ±0.000 线与木桩上的 ±0.000 线对齐，并钉牢。为了保证皮数杆稳定，可在其上加钉两根斜撑，前后要用水准仪进行检查，并用垂球线来校正皮数杆的竖直。砌砖时在相邻两杆上每皮灰缝底线处拉通线，用以控制砌砖。

为方便施工，采用里脚手架时，皮数杆立在墙外边；采用外脚手架时，皮数杆立在墙里边。如系框架结构或钢筋混凝土柱间墙结构时，每层皮数可直接画在构件上，可不立皮数杆。

3. 墙体各部位标高控制

当墙体砌筑到 1.2m，即一步架高台，用水准仪测设出高出室内地坪线 +0.500mm 的标高线，该标高线用来控制层高及设置门、窗、过梁高度的依据；也是控制室内装饰施工时做地面标高、墙裙、踢脚线、窗台等装饰标高的依据。在楼板板底标高下 10cm 处弹墨线，根据墨线把板底安装用的找平层抹平，以保证吊装楼板时板面平整及地面抹面施工。在抹好找平层的墙顶面上弹出墙的中心线及楼板安装的位置线，并用钢尺检查合乎要求后吊装楼板。

楼板安装完毕后，用垂球将底层轴线引测到二层楼面上，作为二层楼的墙体轴线。对于二层以上，各层同样将皮数杆移到楼层，使杆上 ±0.000 标高线正对楼面标高处，即可进行二层以上墙体的砌筑。在墙身砌到 1.2m 时，用水准仪测设出该层的"+0.500mm"标高线。

内墙面的垂直度可用如图 8 - 28 所示的 2m 托线板检测，将托线板的侧面紧靠墙面，看板上的垂线是否与板的墨线一致，每层偏差不得超过 5mm，同时应用钢角尺检测墙壁阴角是否为直

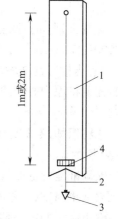

图 8 - 28　托线板检测
墙体垂直度

1—垂球线板；2—垂球线；
3—垂球；4—毫米刻度尺

角。阴角及阳角线是否为一直线和垂直也用2m托线板检测。

8.5　高层建筑施工测量

8.5.1　高层建筑物轴线的竖向投测

1. 外控法竖向投测

外控竖向投测法也叫"经纬仪引桩投测法"，操作方法为：

1）将经纬仪安置在轴线控制桩 A_1、A_1'、B_1 和 B_1' 上，把建筑物主轴线精确地投测到建筑物的底部，并设立标志，如图8-29中的 a_1、a_1'、b_1 和 b_1'，以供下一步施工与向上投测之用。

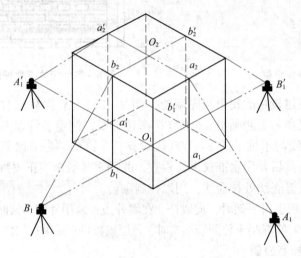

图8-29　经纬仪投测中心轴线图

2）严格整平仪器，用望远镜瞄准建筑物底部已标出的轴线 a_1、a'、b_1 和 b_1' 点，用盘左和盘右分别向上投测到每层楼板上，并取其中点作为该层中心轴线的投影点，如图8-29中的 a_2、a_2'、b_2 和 b_2'。

3）当楼层逐渐增高，而轴线控制桩距建筑物又较近时，操作不便，投测精度也会降低，需要将原中心轴线控制桩引测到更远更安全的地方或附近大楼的屋面，具体操作如下：

①将经纬仪安置在已经投测上去的较高层（如第十层）楼面轴线 $a_{10}a_{10}'$ 上，如图8-30所示。

②瞄准地面上原有的轴线控制桩 A_1 和 A_1' 点，用盘左、盘右分中投点法，将轴线延长到远处 A_2 和 A_2' 点，并用标志固定其位置，A_2、A_2' 即为新投测的 A_1、A_1' 轴控制桩。

③更高层的中心轴线，可将经纬仪安置在新的引桩上，依据上述方法继续测设。

2. 内控法投测

1）如图8-31所示，事先在基层地面上埋设轴线点的固定标志，轴线点之间应构成矩形或十字形等，作为整个高层建筑的轴线控制网。

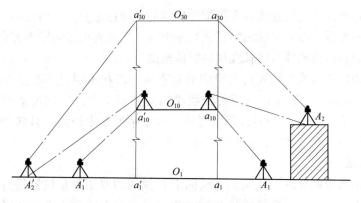

图 8-30 经纬仪引桩投测

2）投测时，在施工层楼面的预留孔上安置挂有吊线坠的十字架，慢慢移动十字架，当吊锤尖静止地对准地面固定标志时，十字架的中心就是应投测的点，在预留孔四周作上标志即可，标志连线交点便是从首层投上来的轴线点，同理测设其他轴线点。

3. 激光铅垂仪投测法

对高层建筑及建筑物密集的建筑区，用吊垂线法和经纬仪法投测轴线已不能适应工程建设的需要，10 层以上的高层建筑应利用激光铅垂仪投测轴线，使用方便，精度高，速度快。

激光铅垂仪是一种供铅直定位的专用仪器，适用于高层建筑、烟囱和高塔架的铅直定位测量。该仪器主要由氦氖激光器、竖轴、发射望远镜、管水准器和基座等部件组成。置平仪器上的水准管气泡后，仪器的视准轴处于铅垂位置，可以据此向上或向下投点。采用此方法应设置辅助轴线和垂准孔，供安置激光铅垂仪和投测轴线之用。如图 8-32 所示为激光铅垂仪的基本构造图，图 8-32（a）、（b）是向上作铅垂投点，图 8-32（c）是向下作铅垂对点。

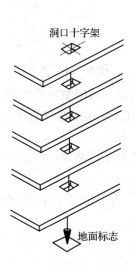

图 8-31 吊线坠法投测

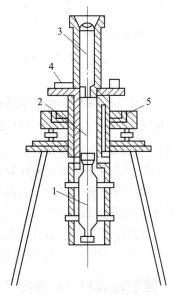

图 8-32 激光铅垂仪构造

1—氦氖激光器；2—竖轴；3—发射望远镜；
4—水准管；5—基座

使用时，将激光铅垂仪安置在底层辅助轴线的预埋标志上，严格对中、整平，接通激光电源，启动激光器，即可发射出铅直激光基准线。当激光束指向铅垂方向时，在相应楼层的垂准孔上设置接受靶即可将轴线从底层传至高层。

轴线投测要控制与检校轴线向上投测的竖直偏差值在本层内不超过 5mm，全楼的累积偏差不超过 20mm。一般建筑，当各轴线投测到楼板上后，用钢尺丈量其间距作为校核，其相对误差不得大于 1/2000；高层建筑，量距精度要求较高，且向上投测的次数越多，对距离测设精度要求越高，一般不得低于 1/10000。

4. 垂准仪法

垂准仪法是利用能提供铅直向上（或向下）视线的专用测量仪器进行竖向投测。常用的仪器有激光经纬仪、垂准经纬仪和激光垂准仪等。垂准仪法进行高层建筑的轴线投测，具有精度高、占地小、速度快的优点，在高层建筑施工中用得越来越多。

垂准仪法同样需要事先在建筑底层设置轴线控制网，建立稳固的轴线标志，在标志上方每层楼板都预留孔洞（大于 15cm×15cm），供视线通过，如图 8-33 所示。

这里以激光铅垂仪法介绍建筑物轴线的投测方法。

图 8-34 为激光铅垂仪的外形，它主要由精密竖轴、氦氖激光管、发射望远镜、基座、水准器、激光电源及接收屏组成。

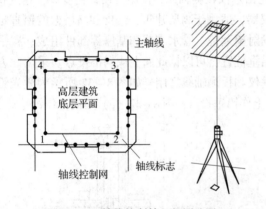

图 8-33　轴线控制桩与投测孔图

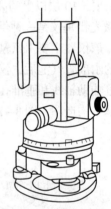

图 8-34　激光铅垂仪图

1）如图 8-35 所示，在首层轴线控制点上安置激光铅垂仪，利用激光器底端（全反射棱镜端）所发射的激光束进行对中，通过调节基座整平螺旋，使水准器气泡严格居中。

2）再在上层施工楼面预留孔处旋转接受靶。

3）接通激光电源，启动激光器发射铅直激光束，通过发射望远镜调焦，使激光束会聚成红色耀目光斑，投射到接受靶上。

4）移动接受靶，使靶心与红色光斑重合，固定接受靶，并且在预留孔四周作出标记，此时靶心位置即为轴线控制点在该楼面上的投测点。

8.5.2　高层建筑物的高程传递

多层或高层建筑施工中，要由下层楼面向上层传递高程，以使上层楼板、门窗口、室内装修等工程的标高符合设计要求。楼面标高误差不得超过 ±10mm。传递高程的方法有下列几种：

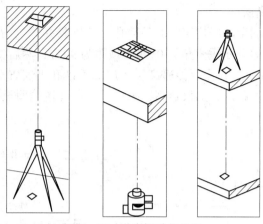

图 8 – 35　激光铅垂仪投测

1. 利用皮数杆传递高程

在皮数杆上自 ±0.000m 标高线起，门窗口、楼板、过梁等构件的标高都已标明。一层楼面砌好后，则从一层皮数杆起一层一层往上接，就可以把标高传递到各楼层。在接杆时要检查下层杆位置是否正确。

2. 利用钢尺直接丈量

在标高精度要求较高时，可用钢尺沿某一墙角自 ±0.000m 标高起向上直接丈量，把高程传递上去。然后根据下面传递上来的高程立皮数杆，作为该层墙身砌筑和安装门窗、过梁及室内装修、地坪抹灰时控制标高的依据。

3. 悬吊钢尺法（水准仪高程传递法）

根据多层或高层建筑物的具体情况，也可用钢尺代替水准尺，用水准仪读数，从下向上传递高程。如图 8 – 36 所示，由地面上已知高程点 A，向建筑物楼面 B 传递高程，先从楼面上（或楼梯间）悬挂一支钢尺，钢尺下端悬一重锤。在观测时，为了使钢尺比较稳定，可将重锤浸于一盛满油的容器中。然后在地面及楼面上各安置一台水准仪，按水准测量方法同时读得 a_1、b_1 和 a_2、b_2，则楼面上 B 点的高程 H_B 为：

$$H_B = H_A + a_1 - b_1 + a_2 - b_2 \qquad (8 - 11)$$

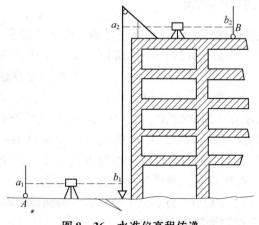

图 8 – 36　水准仪高程传递

4．全站仪天顶测高法

如图 8 - 37 所示，利用高层建筑中的垂准孔（或电梯井等），在底层控制点上安置全站仪，置平望远镜（屏幕显示垂直角为 0°或天顶距为 90°），然后将望远镜指向天顶（天顶距为 0°或垂直角为 90°），在需要传递高层的层面垂准孔上安置反射棱镜，即可测得仪器横轴至棱镜横轴的垂直距离，加仪器高，减棱镜常数（棱镜面至棱镜横轴的高度），就可以算得高差。

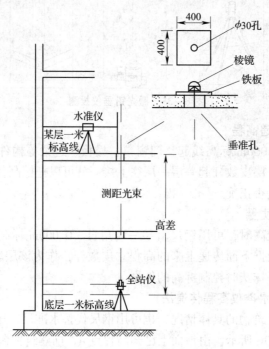

图 8 - 37　全站仪天顶测距法传递高程

8.6　工业厂房施工测量

8.6.1　工业厂房控制网的测设

厂房的定位应该是根据现场建筑方格网进行的。由于厂房多为排柱式建筑，跨距和间距较大，但是隔墙少，平面布置较简单，所以厂房施工中多采用由柱轴线控制桩组成的厂房矩形方格网作为厂房的基本控制网，厂房控制网是在建筑方格网下测设出来的。图 8 - 38 中，Ⅰ、Ⅱ、Ⅲ、Ⅳ为建筑方格网点，a、b、c、d 为厂房最外边的四条轴线的交点，其设计坐标为已知。A、B、C、D 为布置在基坑开挖范围以外的厂房矩形控制网的四个角点，称为厂房控制桩。厂房控制桩的坐标可根据厂房外轮廓轴线交点的坐标和设计间距 l_1、l_2 求出。先根据建筑方格网点 Ⅰ、Ⅱ 用直角坐标法精确测设 A、B 两点，然后由 AB 测设 C 点和 D 点，最后校核 $\angle DCA$、$\angle BDC$ 及 CD 边长，对一般厂房来说，误差不应超过 ±10″和 1/10000。为了便于柱列轴线的测设，需在测设和检查距离的过程中，由控制点起沿矩形控制网的边，每隔 18m 或 24m 设置一桩，称为距离指标桩。

对于小型厂房也可采用民用建筑的测设方法直接测设厂房四个角点，再将轴线投测到控制桩或龙门板上。

对于大型或设备基础复杂的厂房，应先精确测设厂房控制网的主轴线，再根据主轴线测设厂房控制网。

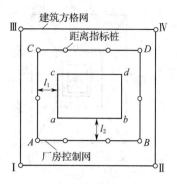

图 8-38 厂房控制网的测设

8.6.2 工业厂房柱列轴线的测设与柱列基础放线

1. 柱列轴线的测设

根据厂房柱列平面图（图 8-39）上设计的柱间距和柱跨距的尺寸，使用距离指标桩，用钢尺沿厂房控制网的边逐段测设距离，以定出各轴线控制桩，并在桩顶钉小钉以示点位。相应控制桩的连线即为柱列轴线（又称定位轴线），并应注意变形缝等处特殊轴线的尺寸变化，按照正确尺寸进行测设。

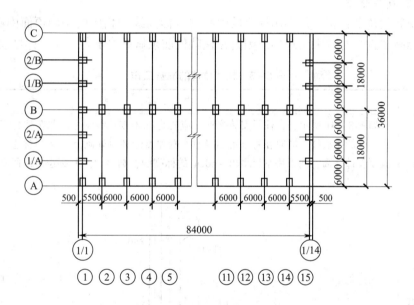

图 8-39 柱列轴线的测设

2. 柱基的测设

用两架经纬仪分别安置在纵、横轴线控制桩上，交会出柱基定位点（即定位轴线的交点）。再根据定位点和定位轴线，按基础详图（图 8-40）上的尺寸和基坑放坡宽度，放出开挖边线，并撒上白灰标明。同时在基坑外的轴线上，离开挖边线约 2m 处，各打入一个基坑定位小木桩，桩顶钉小钉作为修坑和立模的依据。

由于定位轴线不是基础中心线，故在测设外墙、变形缝等处柱基时，应特别注意。

3. 基坑的高程测设

当基坑挖到一定深度时，再用水准仪在基坑四壁距坑底设计标高 0.3~0.5m 处设置水平桩，作为检查坑底标高和打垫层的依据。

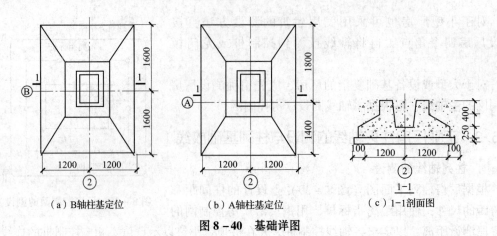

（a）B轴柱基定位　　　　　（b）A轴柱基定位　　　　（c）1-1剖面图

图 8 - 40　基础详图

8.6.3　工业厂房柱子安装测量

1. 柱的安装测量

柱的安装就位及校正，是利用柱身的中心线、标高线和相应的基础顶面中心定位线、基础内侧标高线进行对位来实现的。因此在柱就位前须做好的准备工作，详见表 8 - 3。

表 8 - 3　柱就位前的准备工作

项目	内　容
柱身弹线及投测柱列轴线	如图 8 - 41 所示，在柱子安装之前，应先将柱子按轴线编号，并在柱身三个侧面弹出柱子的中心线，同时在每条中心线的上端和靠近杯口处画上"▶"标志。并根据牛腿面设计标高，向下用钢尺量出 -60cm 的标高线，画出"▼"标志，以便校正时使用 **图 8 - 41　柱子弹线示意图** 如图 8 - 42 所示，在杯形基础上，由柱列轴线控制桩用经纬仪把柱列轴线投测到杯口顶面上，并弹出墨线，使用红油漆画上"▶"标志，作为柱子吊装时确定轴线的依据。当柱子中心线不通过柱列轴线时，还要在杯形基础顶面四周弹出柱子中心线，仍用红油漆画上"▶"标志。并采用水准仪在杯口内壁测设一条 -60cm 标高线，并画"▼"标志，以检查杯底标高是否符合要求。之后用 1:2 水泥砂浆放在杯底进行找平，使牛腿面符合设计高程

续表 8-3

项目	内 容
	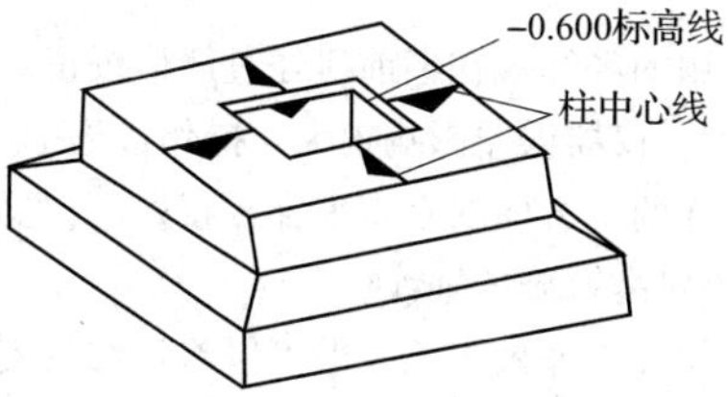 图 8-42 杯口弹线示意图
柱子安装测量的基本要求	1）柱子中心线应与相应的柱列中心线保持一致，其允许偏差为 ±5mm； 2）牛腿顶面及柱顶面的实际标高应与设计标高一致，其允许偏差为：柱高≤5m 时不应大于 ±5mm，柱高 >5m 时不应大于 ±8mm； 3）柱身垂直允许误差：当柱高≤5m 时，不应大于 ±5mm；当柱高在 5～10m 时，不应大于 ±10mm；当柱高超过 10m 时，限差为柱高的 1‰，并且不超过 20mm

2．柱子安装时的测量工作

柱子安装时应进行的测量工作，其步骤和注意事项见表 8-4。

表 8-4　柱子安装时的测量工作

项目	内 容
工作步骤	柱子被吊装进入杯口后，首先用木楔或钢楔暂时进行固定。用铁锤敲打木楔或者钢楔，使柱脚在杯口内平移，直到柱中心线与杯口顶面中心线平齐。同时用水准仪检测柱身已标定的标高线。 随后用两台经纬仪分别在相互垂直的两条柱列轴线上，相对柱子间的距离为 1.5 倍柱高处同时观测，如图 8-43 所示，并进行柱子校正。在观测时，要将经纬仪照准柱子底部中心线上，固定照准部，逐渐向上仰视望远镜，通过校正使柱身中心线与十字丝竖丝相互重合 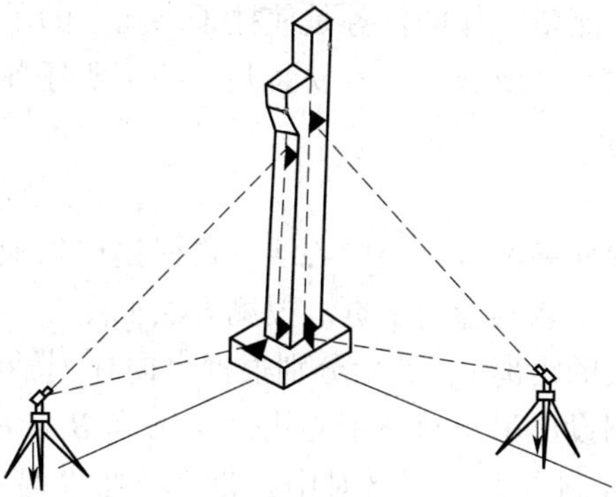 图 8-43　柱身校正示意图

续表 8 - 4

项 目	内　　容
注意事项	1）校正用的经纬仪在事前应经过严格校正，因为校正柱子垂直度时，往往只用盘左或盘右观测，仪器误差影响很大。操作过程中还应注意使照准部水准管气泡严格居中； 2）柱子在两个方向的垂直度都校正好后，要再次复查平面位置，查看柱子下部的中心线是否仍对准基础的轴线； 3）为了提高工作效率，一般可以将经纬仪安置在轴线的一侧，与轴线成10°角左右的方向线上（为保证精度，与轴线角度不得大于15°），一次可以校正几根柱子，如图8-44所示。当校正变截面柱子时，经纬仪务必要放在轴线上进行校正，否则极易出现差错； 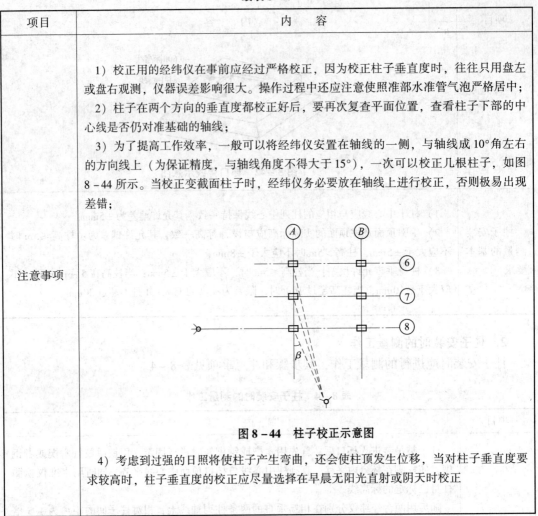 图 8 - 44　柱子校正示意图 4）考虑到过强的日照将使柱子产生弯曲，还会使柱顶发生位移，当对柱子垂直度要求较高时，柱子垂直度的校正应尽量选择在早晨无阳光直射或阴天时校正

8.6.4　工业厂房的吊车梁及屋架安装测量

吊车梁安装时，测量工作的任务是使柱子牛腿上的吊车梁的平面位置、顶面标高及梁端中心线的垂直度均符合要求。屋架安装测量的主要任务同样是使其平面位置及垂直度符合相关要求。

1. 准备工作

首先在吊车梁顶面和两端弹出中心线，再根据柱列轴线把吊车梁中心线投测到柱子牛腿侧面上，以此作为吊装测量的依据。投测方法如图8-45所示，要先计算出轨道中心线到厂房纵向柱列轴线的距离 e，然后分别根据纵向柱列轴线两端的控制桩，采用平移轴线的方法，在地面上测设出吊车轨道中心线 $A_1 - A_1$ 和 $B_1 - B_1$。并将经纬仪分别安置在 $A_1 - A_1$ 和 $B_1 - B_1$ 一端的控制点上，严格对中、整平，照准另一端的控制点，仰视望远镜，将吊车轨道中心线投测到柱子的牛腿侧面上，并弹出墨线。

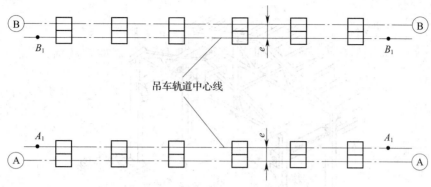

图 8-45 吊车梁中心线投测示意图

同时根据柱子 ±0.000 位置线，使用钢尺沿柱侧面量出吊车梁顶面设计标高线，并画出标志线作为调整吊车梁顶面标高用。

2. 吊车梁吊装测量

如图 8-46 所示，吊装吊车梁应使其两个端面上的中心线分别与牛腿面上的梁中心线初步对齐，之后使用经纬仪进行校正。具体的校正方法是根据柱列轴线用经纬仪在地面上放出一条与吊车梁中心线相平行的校正轴线，水平距离为 d。在校正轴线一端点处安置经纬仪，固定照准部，向上仰望远镜，照准放置在吊车梁顶面的横放直尺，对吊车梁进行平移调整，使得吊车梁中心线上任一点距校正轴线水平距离均为 d。在校正吊车梁平面位置的同时，使用吊垂球的方法检查吊车梁的垂直度，不满足条件时在吊车梁支座处加垫块校正。

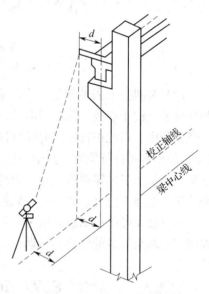

图 8-46 吊车梁安装示意图

吊车梁就位之后，先根据柱面上定出的吊车梁设计标高线检查梁面的标高，同时进行调整，在不满足时用抹灰调整。再把水准仪安置在吊车梁上，进行精确检测实际标高，其误差应在 ±3mm 以内。

3. 屋架的安装测量

如图 8-47 所示，屋架的安装测量与吊车梁安装测量的方法基本上相似。屋架的垂直度是靠安装在屋架上的三把卡尺，并且通过经纬仪进行检查、调整。而屋架垂直度允许误差为屋架高度的 1/250。

（1）柱顶抄平测量。屋架是搁置在柱顶上的，在安装之前，必须根据各柱面上的 ±0.000 标高线，利用水准仪或翻尺，在各柱顶部测量相同高程数据的标高点，作为柱顶抄平的依据，以此保证屋架安装平齐。

（2）屋架定位测量。在安装前，使用经纬仪或其他方法在柱顶上测设出屋架的定位轴线，并弹出屋架两端的中心线，作为屋架定位的依据。屋架吊装就位时，要使屋架的中心线与柱顶上的定位线对准，其允许偏差为 ±5mm。

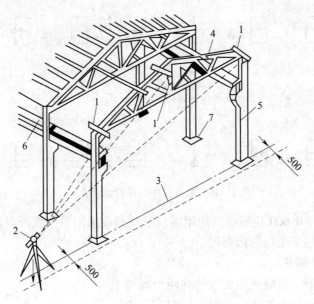

图 8-47　屋架安装示意图

1—卡尺；2—经纬仪；3—定位轴线；4—屋架；5—柱；6—吊木架；7—基础

（3）屋架垂直控制测量。在厂房矩形控制网边线上的轴线控制桩上安置经纬仪，并照准柱子上的中心线，固定照准部，随后将望远镜逐渐抬高，监测屋架的中心线是否在同一竖直面内，以此进行屋架的竖直校正。当监测屋架顶有困难时，也可在屋架上横放三把1m 长的小木尺进行监测，其中一把安放在屋架上弦中点附近，另外两把分别安放在屋架的两端，使木尺的零刻度正对屋架的几何中心，然后在地面上距屋架中心线为 1m 处安置经纬仪，监测 3 把尺子的 1m 刻度是否都在仪器的竖丝上，借此即可判断屋架的垂直度。

也可使用悬吊垂球的方法进行屋架垂直度的校正。屋架校至垂直后，即可将屋架用电焊固定。屋架安装的竖直容许误差为屋架高度的 1/250，但不应超过 ±15mm。

8.7　钢结构工程施工测量

目前建筑物大批量的采用钢结构，为保证建筑施工的顺利进行，应掌握钢结构建筑的施工测量方法。其测设程序与民用、工业建筑基本相同。下面主要介绍其独特性。

1. 平面控制

建立施工控制网对于高层钢结构施工极为重要，控制网离施工现场不能太近，应考虑到钢柱的定位、检查、校正。

2. 高程控制

高层钢结构工程标高测设极为重要，精度要求高，所以施工场地的高程控制网应根据城市二等水准点来建立一个独立的三等水准网，便于在施工过程中直接应用，在进行标高引测时必须先对水准点进行检查。三等水准高差闭合差的容许误差应达到 $\pm 3\sqrt{n}$（mm），其中 n 为测站数。

3. 定位轴线检验

定位轴线从基础施工起就应引起重视，一定要在定位轴线测设前做好施工控制点及轴线控制点，待基础浇筑混凝土后再依据轴线控制点将定位轴线引测到柱基钢筋混凝土底板面上，然后预检定位轴线是否同原定位重合、闭合，每根定位线总尺寸误差值是否超过限差值，纵、横网轴线是否垂直、平行。预检应由业主、监理、土建、安装四方联合进行，对检查数据要统一认可签证。

4. 柱间距检查

在定位轴线认可的前提下，可以进行柱间距检查，一般采用检定的钢尺实测柱间距。柱间距离偏差值应严格控制在 ±3mm 范围内，绝不能超过 ±5mm。若柱间距超过 ±5mm，则必须调整定位轴线。因为定位轴线的交点是柱基点，钢柱竖向间距以此为准，框架钢梁的连接螺孔的直径一般比高强螺栓直径大 1.5~2.0mm，如果柱间距过大或者过小，直接影响整个竖向框架梁的安装连接和钢柱的垂直，安装中还会有安装误差。在结构件上面检查柱间距时，一定要注意安全。

5. 单独柱基中心检查

检查单独柱基的中心线同定位轴线之间的误差，如果超过限差要求，应调整柱基中心线使其同定位轴线重合，然后以柱基中心线为依据，检查地脚螺栓的预埋位置。

6. 标高实测

以三等水准点的标高为依据，对钢柱柱基表面进行标高实测，将测得的标高偏差用平面图表示，作为临时支撑标高块调整的依据。

7. 轴线位移校正

任何一节框架钢柱的校正，均要以下节钢柱顶部的实际中心线为准，使安装的钢柱的底部对准下面钢柱的中心线即可。在安装的过程中，一定要随时进行钢柱位移的监测，并根据实测的位移量以实际情况加以调整。调整位移时应尤其注意钢柱的扭转，钢柱扭转对框架钢柱的安装很不利，一定要重视。

9 建筑物的变形测量

9.1 变形观测点的设置

沉降变形观测点的设置原因有：

1）便于测出建筑物基础的沉降、倾斜、曲率，且绘出下沉曲线。

2）便于现场观测。

3）便于保存。

沉降变形观测点的设置必须点位适当、数量足够。

1. 基坑观测点位的布置

（1）基坑回弹观测点位的布置。深埋大型基础在基坑开挖后，由于卸除地基土自重而引起基坑内外影响范围内相对于开挖前回弹。为了观测基坑开挖过程中地基的回弹现象，施工之前应布设地基回弹观测的工作点。

回弹观测点位的布置，应以最少的点数能测出所需各纵、横断面的回弹量为原则进行。可利用回弹变形的近似对称性，布点要求如下：

1）在基坑的中央和距坑底边缘约 1/4 坑底宽度处，以及其他变形特征位置设点。

2）对方形、圆形基坑可按单向对称布点；矩形基坑可按纵横向布点；复合矩形基坑可多向布点。地质情况复杂时，应适当增加点数。

3）基坑外观测点，应在所选坑内方向线的延长线上距基坑深度 1.5 ~ 2 倍距离内布置。

4）所选点位遇到旧地下管道或者其他构筑物时，可将观测点位移至与之对应的方向线的空位上。

5）在基坑外相对稳定且不受施工影响的地点，选设工作基点及为寻找标志用的定位点。

6）观测线路应组成起讫于工作基点的闭合或者附合线路，使之具备检核条件。

（2）地基土分层沉降观测点位的布置。分层沉降观测是测定高层和大型建筑物地基内部各分层土的沉降量、沉降速度以及有效压缩层的厚度。

分层沉降观测点的布设要求如下：

1）应在建筑物地基中心附近约为 2m 见方或者各点间距不大于 50cm 的较小范围内，沿铅垂线方向上的各层土内布置。

2）点位数量与深度应根据分层土的分布情况确定。原则上每一土层设一点，最浅的点位应设在基础底面不小于 50cm 处，最深的点位应在超过压缩层理论厚度处，或者设在压缩性低的砾石或者岩石层上。

2. 建筑场地观测点位的布置

（1）建筑场地沉降点位的选择应符合的规定如下：

1）相邻地基沉降观测点可以选在建筑纵、横轴线或者边线的延长线上，也可选在通过建筑重心的轴线延长线上。其点位间距应视基础类型、荷载大小及地质条件，与设计人员共同确定或者征求设计人员意见后确定。点位可在建筑基础深度 1.5～2.0 倍的距离范围内，由外墙向外由密到疏布设，但距基础最远的观测点，应设置在沉降量为零的沉降临界点以外。

2）场地地面沉降观测点应在相邻地基沉降观测点布设线路之外的地面上均匀布设。根据地质地形条件，可选择使用平行轴线方格网法、沿建筑四角辐射网法、散点法布设。

（2）建筑场地沉降点标志的类型及埋设应符合的规定如下：

1）相邻地基沉降观测点标志可分为用于检测安全的浅埋标和用于结合科研的深埋标两种。浅埋标可采用普通水准标石或者用直径为 25cm 的水泥管现场浇灌，埋深宜为 1～2m，并使标石底部埋在冰冻线以下；深埋标可采用内管外加保护管的标石形式，埋深应与建筑基础深度相适应，标石顶部需埋入地下 20～30cm。

2）场地地面沉降观测点的标志与埋设应根据观测要求确定，可采用浅埋标志。

3. 民用建筑物观测点位的布置

对于民用建筑物，通常在其四个角点、中点、转角处布设工作测点。除此以外，还应考虑以下几点：

1）沿建筑物的周边每隔 10～20m 布设一个工作测点。

2）对于宽度大于 15m 的建筑物，在其内部有承重墙或者支柱时，应在此部位布设工作点。

3）设置有沉降缝的建筑物，或者新建建筑物与原建筑物的连接处，在沉降缝的两侧或者伸缩缝的任一侧布置工作测点。

4）为查明建筑物基础的纵向与横向的曲率（破坏）变形状态，在其纵轴、横轴线上也应该布置工作测点。

4. 工业建筑物观测点位的布置

对于一般的工业建筑物，应在立柱的基础上布设观测点，除此以外，还应在其主要的设备基础四周以及动荷载四周、地质条件不良处也应布设工作测点。

9.2 沉 降 观 测

9.2.1 沉降观测的周期及施测过程

1. 沉降观测的周期

沉降观测的周期应能反映出建筑物的沉降变形规律，建（构）筑物的沉降观测对时间有严格的限制条件，特别是首次观测必须按时进行，否则沉降观测得不到原始数据，从而使整个观测得不到完整的观测结果。其他各阶段的复测，根据工程进展情况必须定时进行，不得漏测或者补测，只有这样，才能得到准确的沉降情况或者规律。一般认为建筑在砂类土层上的建筑物，其沉降在施工期间已大部分完成，而建筑在黏土类土层上的建筑物，其沉降在施工期间只是整个沉降量的一部分，沉降周期是变化的。根据工作经验，在施工阶段，观测的频率要大些，一般按3天、7天、15天确定观测周期，或者按层数、荷载的增加确定观测周期，观测周期具体应视施工过程中地基与加荷而定。如暂时停工时，在停工时和重新开工时均应各观测一次，以便检验停工期间建筑物沉降变化情况，为重新开工后沉降观测的方式、次数是否应调整作判断依据。在竣工后，观测的频率可以少些，视地基土类型和沉降速度的大小而定，一般有一个月、两个月、三个月、半年与一年等不同周期。沉降是否进入稳定阶段，应由沉降量与时间关系曲线判定。对重点观测和科研项目工程，如果最后三个周期观测中每周期的沉降量不大于2倍的测量中误差，可认为已进入稳定阶段。一般工程的沉降观测，如果沉降速度小于0.01~0.04mm/d，可认为进入稳定阶段，具体取值应根据各地区地基土的压缩性确定。

2. 沉降观测施测过程

根据编制的沉降施测方案及确定的观测周期，首次观测应在观测点稳固后及时进行。一般高层建筑物有一层或者数层地下结构，首次观测应自基础开始，在基础的纵横轴线上（基础局边）按设计好的位置埋设沉降观测点（临时的），待临时观测点稳固好，方可进行首次观测。首次观测的沉降观测点高程值是以后各次观测用以比较的基础，其精度要求非常高，施测时一般用N2级精密水准仪，并且要求每个观测点首次高程应在同期观测两次，比较观测结果，如果同一观测点间的高差不超过±0.5mm时，即可认为首次观测的数据是可靠的。随着结构每升高一层，临时观测点移上一层并进行观测，直到+0.000然后按规定埋设永久观测点（为便于观测可将永久观测点设于+500mm），然后每施工一层就复测一次，直至竣工。

在施工打桩、基坑开挖以及基础完工后，上部不断加层的阶段进行沉降观测时，必须记载每次观测的施工进度、增加荷载量、仓库进（出）货吨位、建筑物倾斜裂缝等各种影响沉降变化和异常的情况。每周观测后，应及时对观测资料进行整理，计算出观测点的沉降量、沉降差以及本周期平均沉降量和沉降速度。如果出现变化量异常，应立即通知委托方，为其采取防患措施提供依据，同时适当增加观测次数。

另外，不同周期的观测应遵循"五定"原则。所谓"五定"，即通常所说的沉降观测依据的基准点、基点和被观测物上沉降观测点，点位要稳定；所用仪器、设备要稳定；观测人员要稳定；观测时的环境条件基本上要固定；观测路线、镜位、程序和方法要固定。以上措施在客观上能保证尽量减少观测误差的主观不确定性，使所测的结果具有统一的趋向性；能保证各次复测结果与首次观测结果的可比性一致，使所观测的沉降量更真实。

9.2.2　水准测量方法测定建筑物的沉降变形

1. 工业与民用建筑

中、小型厂房和土木工程建筑物的沉降观测，一般采用普通水准测量方法。高大混凝土建筑物和大型水工建筑物，如大型的工业厂房、摩天大楼、大坝等，要求沉降观测的中误差不大于±1mm，因而要求采用精密的水准测量方法施测。

　　工业与民用建筑物多进行建筑物基础的沉降观测。对于建造在 8～10m 以上的基坑中的基础，需要测定基坑的回弹。工作点的标志通过预留的钻孔与地表相通，测量时需要自制悬挂的重锤，为便于下放重锤，重锤的直径需小于钢套管的直径；预留钢管和重锤的直径不能相差过大，以使重锤与测点标志正确接触。重锤的重量即为与钢尺比长时的拉力（一般为 15kg）。钢尺和重锤紧固在一起，精确丈量重锤底面与某一整刻度的长度。若到 1m，刻度长为 1.063m。测量时，将缠在绞车上或者皮夹上的钢尺悬挂重锤，经导向滑轮垂直放入预留的钢套管，使重锤底面和标志的顶端接触。按水准测量程序后视标尺，取读数 $a = 1.541$，前视钢尺的读数 $b' = 8.643$。因重锤底面到 1m 刻画的实际长度为 1.063m，所以加常数为 0.063m。所以此前视的正确读数，AB 点间的高差 h_{AB} 为：

$$h_{AB} = a - b = 1.541 - 8.526 = -6.985 \quad (\text{m}) \qquad (9-1)$$

　　为了消除重锤与标志间的接触误差和发生意外，应该独立施测 3 遍，其互差不应超过 ±1mm。

　　深孔悬挂重锤的安装如图 9-1 所示。

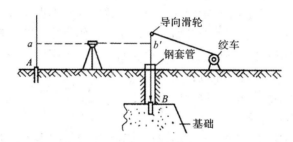

图 9-1　深孔悬挂重锤的安装

　　工业与民用建筑物的沉降观测的水准路线应布设成附合水准路线形状。与一般水准测量相比，其不同之处是视距较短，一般不超过 25m，因此一次安装仪器可以插有几个前视点。为了减少系统误差的影响，要求在不同的观测周期，将水准仪安置在相同的位置进行观测。对于中小型厂房，采用三等水准测量；对于大型的厂房、连续型生产设备的基础和动力设备的基础、高层混凝土框架结构建筑物等，采用二等水准测量精度施测。

　　埋设在建筑物基础上的工作点，埋设之后应开始第一次观测，随后随着建筑物荷载的逐步增加进行重复观测。在运行期间重复观测的周期可根据沉降速度的快慢而定，每月、每季、半年或者一年一次，直到沉降停止为止。

　　对于沉降是否进入稳定阶段的判断，应由沉降量与时间关系曲线判定。对重点观测或者科研观测工程，如果最后 3 个周期观测中每周期沉降量不大于 $2\sqrt{2}$ 倍测量中误差，可认为已进入稳定阶段；一般观测工程，如果沉降速度小于 0.01～0.02mm/d，可认为已进入稳定阶段，具体取值宜根据各地区地基土的压缩性确定。

　　因为工业与民用建筑物的范围小，所以施测的水准路线一般比较短，且路线的高程闭合差也很小，一般不超过 ±（1～2）mm，闭合差可按测站平均分配，也可按距离成比例分配。

2．水工建筑物

对于大坝沉降观测，其观测的程序应视观测站工作点到控制点的距离而定。如果距离较近，可构成二等水准路线，两条一并进行观测。大坝变形测量路线两端的首末工作点习惯上被称为工作基点。如果高程控制点到工作基点的距离较远，不便于一次测量时，则需先进行工作基点联系测量。

（1）工作基点与高程控制基点的联测。工作基点与高程控制基点的联测路线可布设成附合水准路线，采用复测水准支线等形式。一般按一等水准测量精度的要求和有关规定施测。每千米高差中数的中误差不大于 ±0.5mm，可采用 S 级精密水准仪和铟瓦水准尺施测。

由于沉降观测工作局限在某个固定范围，且观测线路是固定的，观测工作重复进行，所以可将仪器位置和立尺点作出标记，以便每次将仪器和标尺置于相同位置，这样既可便于测量，又可削弱部分系统误差的影响。

联测工作每年进行 1~2 次，并尽可能固定在某一时刻。

（2）工作点的观测。大坝沉降观测工作点的沉降量是根据工作控制点测定的。一般采用精密水准仪按二等水准操作规定施测，高差中数中误差不得超过 ±1.0mm。

由于沉降观测在施工过程中就要开始，所以测量工作受施工的影响较大，而且大部分在廊道内进行，有的廊道高度过小，有的廊道底面呈阶梯形高低不平，使得立尺和架设仪器都受到一定的限制，并导致视距过短，有的甚至不到 3m。因此测站数相对增多，根据实际经验对工作点的观测还应符合以下规定：

1）使用固定仪器和标尺。

2）设置固定的置镜点和立尺点，保证往、返测和复测采用同一线路。

3）仪器到标尺的距离不得超过 40m，每站前、后视距差不得大于 0.3m，前、后视距的累积差不得大于 1m，基、辅差不得超过 0.25mm。

4）每次进出廊道观测前后，仪器和标尺均需凉置半小时后再进行观测。

5）在廊道内观测使用手电筒照明。

大坝沉降观测周期，在施工期间和运转初期应当缩短，观测次数加多；运转后期，当已掌握了变形规律后，观测的次数可适当减少；特殊情况下，如暴雨、洪峰、地震期，除按规定周期观测外，还需增加观测次数。

9.2.3　地基土分层沉降观测

1．一般要求

1）分层沉降观测应测定建筑地基内部各分层土的沉降量、沉降速度以及有效压缩层的厚度。

2）分层沉降观测点应在建筑地基中心附近 2m×2m 或各点间距不大于 50cm 的范围内，沿铅垂线方向上的各层土内布置。点位数量与深度应根据分层土的分布情况确定，每一土层应设一点，最浅的点位应在基础底面下不小于 50cm 处，最深的点位应在超过压缩层理论厚度处或设在压缩性低的砾石或岩石层上。

3）分层沉降观测标志的埋设应采用钻孔法，埋设要求如下：

①测标长度应与点位深度相适应，顶端应加工成半球形并露出地面，下端应为焊接的标脚，应埋设于预定的观测点位置。

②钻孔时，孔径大小应符合设计要求，并应保持孔壁铅垂。

③下标志时，应用活塞将长50mm的套管和保护管挤紧。

④测标、保护管与套管三者应整体徐徐放入孔底，若测杆较长、钻孔较深，应在测标与保护管之间加入固定滑轮，避免测标在保护管内摆动。

⑤整个标脚应压入孔底面以下，当孔底土质坚硬时，可用钻机钻一小孔后再压入标脚。

⑥标志埋好后，应用钻机卡住保护管提起30~50cm，然后在提起部分和保护管与孔壁之间的空隙内灌沙，提高标志随所在土层活动的灵敏性。最后，应用定位套箍将保护管固定在基础底板上，并以保护管测头随时检查保护管在观测过程中有无脱落情况。

4）分层沉降观测精度可按分层沉降观测点相对于邻近工作基点或基准点的高程中误差不大于±1.0mm的要求设计确定。

5）分层沉降观测应按周期用精密水准仪或自动分层沉降仪测出各标顶的高程，计算出沉降量。

6）分层沉降观测应从基坑开挖后基础施工前开始，直至建筑竣工后沉降稳定时为止。首次观测至少应在标志埋好5d后进行。

2. 应提交的图、表资料

地基土分层沉降观测应提交下列图、表资料：

1）地基土分层标点位置图。

2）地基土分层沉降观测成果表。

3）各土层荷载–沉降–深度曲线示意图。

9.3 倾 斜 观 测

9.3.1 直接测定建筑物倾斜方法

测定建筑物的倾斜主要有两类方法：一类是直接测定建筑物的倾斜，该方法多用于基础面积过小的超高建筑物，如摩天大楼、水塔、烟囱、铁塔等；另一类是通过测量建筑物基础的高程变化，按式（9-2）计算建筑物的倾斜。

$$i = \frac{W_3 - W_2}{S_{23}}(\mathrm{mm/m}) \tag{9-2}$$

式中：i——倾斜指标；

W_2——其中的一个观测工作点；

W_3——与W_2相邻的观测工作点；

S_{23}——W_2和W_3工作点间的距离。

直接测定建筑物倾斜的方法具体内容见表9-1。

表 9 − 1　直接测定建筑物倾斜方法

方法	图　示	内　容
吊挂垂线方法	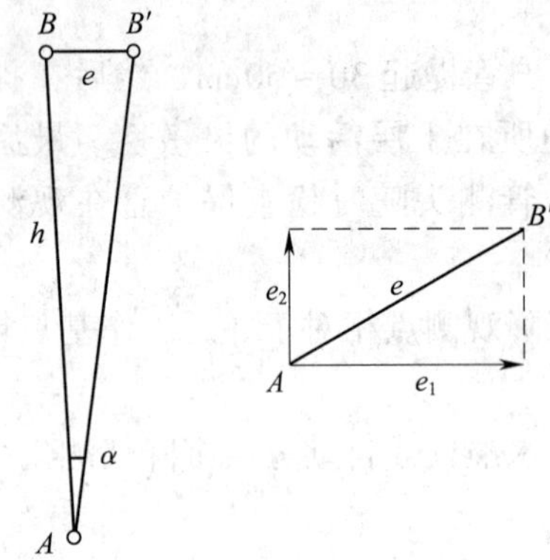 图 9 − 2　建筑物的倾斜观测 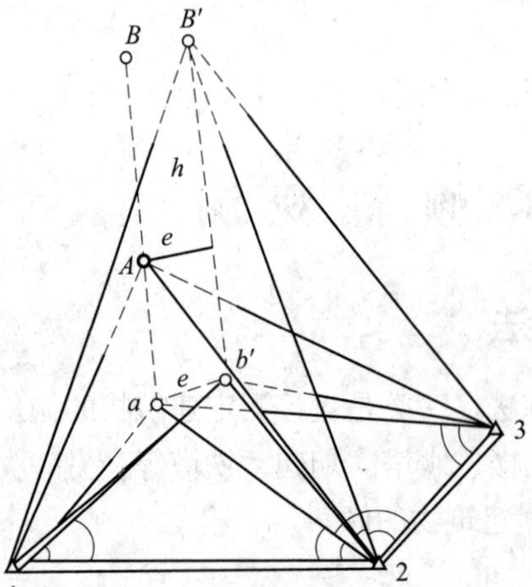 图 9 − 3　解析法求偏移量	直接测定建筑物倾斜方法中，吊挂悬垂线方法是一种相对简单的方法，根据建筑物各高度的偏差可直接测定建筑物的倾斜，但是不应经常出现在建筑物上固定吊挂悬垂线的情况，所以对于超高建筑物多采用经纬仪投影或测水平角的方法来测定倾斜。图 9 − 2 中 A、B 分别为设计在建筑物同一竖线上的平、高两点。如建筑物发生倾斜，高点 B 相对于平点 A 移动了某一数值 e，则建筑物的倾斜值 i 为：$$i = \tan\alpha = e/h \quad (9 - 3)$$　　所以为了确定建筑物的倾斜必须得到 e、h 值，h 一般为已知数据，当 h 为未知时，按图 9 − 3 所示，可在地面上设两条基线，用三角测量的方法测定，此时，经纬仪应设置在距建筑物较远的地方（距离最好在 $1.5h$ 以上，以减少仪器纵轴不垂直的影响）。设 A、B 两点无法摆设仪器，难于做点位投影工作，在此介绍高点 B 偏移平点 A 的移动值 e 的解析求法。设 a 为设计铅垂线 AB 的平面投影位置，b' 点为空间 B' 点的投影位置。围绕 A、B' 点在地面上选定基线 1 − 2，2 − 3（按 5″小三角基线丈量精度量取基线边），在 1、2、3 三点间用前方交会法，按 5″小三角的精度要求测定 A、B' 平面坐标（可假定 $X_1 = 0$，$Y_1 = 0$，$\alpha_{1-2} = 0°00'00''$，$H = 0$）和高程 H_A、H_B，则：$$h = H_B - H_A,$$$$e = \sqrt{(Y_B' - Y_A')^2 + (X_B' - X_A')^2}$$$$(9 - 4)$$

续表 9 − 1

方　法	图　　　示	内　　　容
测量水平角法	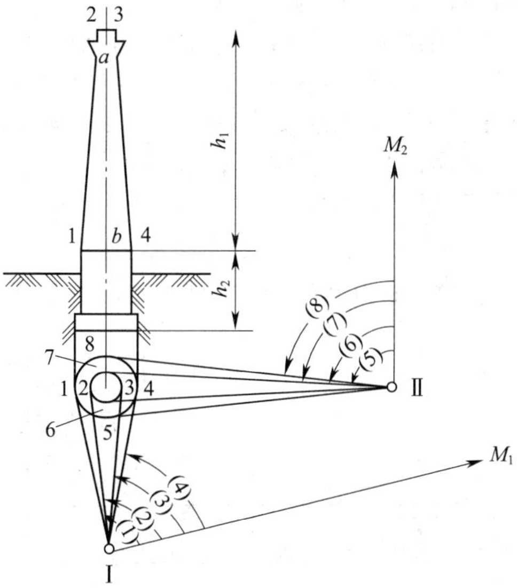 图 9 − 4　烟囱的倾斜测量	图 9 − 4 给出的是采用测量水平角的方法来测定烟囱倾斜的例子。在距烟囱 $1.5h$ 处的相互垂直两方向线上，分别标出两个固定标志，以此作为测站。在烟囱上标出观测目标 1、2、3、4，并选定通视良好的远方不动点 M_1 和 M_2，随后在测站 1 架设经纬仪测量水平角（1）、（2）、（3）、（4），并计算角 ［（2）＋（3）］/2 和 ［（1）＋（4）］/2。角值 ［（1）＋（4）］/2 表示烟囱的下部中心 b 的方向，［（2）＋（3）］/2 表示烟囱上部中心点 a 的方向，只要知道测站 1 到烟囱中心的距离 S_1，就可根据 a、b 的方向差 $\delta = a - b$，按式（9 − 5）计算偏斜量 e_1： $$e_1 = \delta''_1 \times S_1 / \rho'', \ \rho'' = 206.265''$$ （9 − 5） 同理，在测站 2 观测水平角（5）、（6）、（7）、（8），同理可求得烟囱的另一方向上的偏移量 e_2，用矢量相加的办法即可求得烟囱的上部相对于勒角中心的偏移量 e_0，从而可利用式（9 − 5）计算烟囱的倾斜

9.3.2　测定坝体倾斜的方法

对于大坝等水利工程构筑物，各坝段的基础地质条件不同，有的坝段位于坚硬岩石处，有的位于软岩处，有的位于岩石破碎带，其含岩度也各不相同。因此坝体的结构关系，坝段的重量不相等；水库蓄水后，库区地表承受较大的静水压力，使地基失去原有平衡，这些因素均会导致坝体产生不均匀的下沉。

当前，常采用的测定坝体倾斜的方法见表 9 − 2。

表9-2　测定坝体倾斜的方法

方法	内　　容
水准测量 方法	由于各类型变形测量均在构筑物基础的重要部位设站，所以通过水准观测求得各点的高程，便可以求得各工作点的下沉值，从而计算倾斜值
液体静力水准测量方法	液体静力水准测量方法是利用一种特制的静力水准仪，测定两点间的高差变化，以计算倾斜
气泡式倾斜仪测量方法	由一个高灵敏度的气泡水准管 e 和一套精密测微器组件构成气泡式倾斜仪。如图9-5所示，q 为测微杆，h 为读数盘，k 为指标。气泡式水准管 e 固定在支架 a 上，支架可绕 c 点转动，支架下装有弹簧片 d，使支架 a 与底板 b 接触，而在底板 b 下装有置放装置 m，s 为测微杆连接器，s 与底板紧固在一起。通过 m 将倾斜仪安置在需要的位置上以后，同时转动读数盘 h，使测微杆 q 上下移动，压动支架 a 使气泡水准管 e 的气泡居中。此时在度盘上读出初始读数 h_0；如基础发生倾斜变形，仪器气泡会发生偏移；为了求取倾斜值需重新转动读数盘 h 使气泡居中，读出读数 h_j，$j=1$、2、3、⋯、n，n 为观测周期数；将初始读数 h_0 与周期读数 h_j 相减，即可求出倾斜角 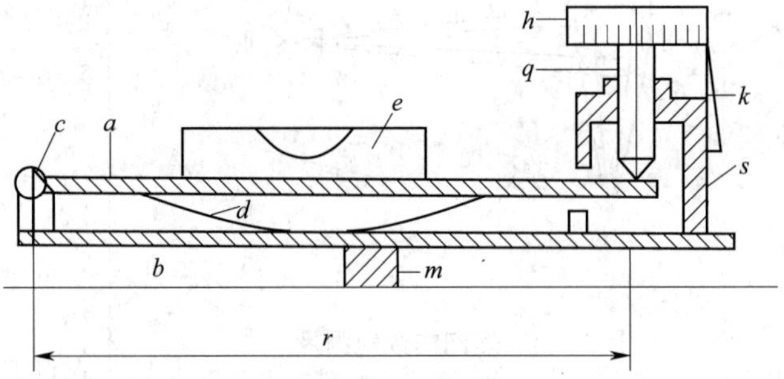 图9-5　气泡式倾斜仪的结构 a—支架；b—底板；c—点 c；d—弹簧片；e—气泡水准管； h—读数盘；k—指标；m—置放装置；q—测微杆；s—测微杆连接器 国产的气泡倾斜仪灵敏度为 $2''$，总的观测范围为 $1°$，较适用于较大倾角和小范围的局部变形测量

9.4　水平位移观测

9.4.1　视准线法

由经纬仪的视准面形成基准面的基准线法称为视准线法。视准线法又可分为直接观测法、角度变化法（即小角法）和移位法（即活动觇牌法）三种，具体内容见表9-3。

表9-3 视 准 线 法

方法	图　　示	内　　容
直接观测法	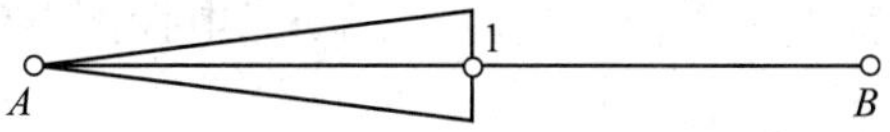 　图9-6　直接观测示意	可采用J_2级经纬仪正倒镜投点的方法直接求出位移值，这种方法最为简单并且直接正确，是常用的方法之一，如图9-6所示。 仪器架在控制点A，正镜瞄准控制点B，投影至观测点1，利用小钢皮尺直接读数；倒镜再瞄准B，投影至1再读数，取两读数的平均值，即观测点1的水平位移值
小角法	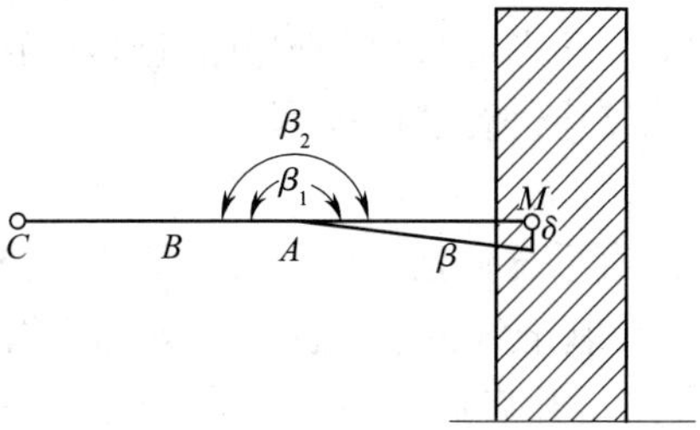 　图9-7　小角法位移观测示意	这种方法是利用精密经纬仪，精确测出基准线与置镜端点与观测点视线之间所夹的角度，如图9-7所示。 如图9-7所示，A、B、C为控制点；M为观测点。控制点必须埋设牢固稳定的标桩，在每次观测之前对所使用的控制点应进行检查，防止其变化。建（构）筑物上的观测点标志要牢固并且醒目。 设第一次在A点所测之角度为β_1，第二次测得之角度为β_2，两次观测角度的差数为：$$\Delta\beta = \beta_2 - \beta_1 \qquad (9-6)$$则建筑物的位移值为：$$\delta = \frac{\Delta\beta \cdot AM}{\rho''} \qquad (9-7)$$式中：δ——位移值； 　　　AM——A点至M的距离； 　　　ρ''——$\rho'' = 206265''$
激光准直法	—	这种方法可分为两类：一类是激光束准直法。它是通过望远镜发射激光束，在需要准直的观测点上使用光电探测器接收。因此种方法是以可见光束代替望远镜视线，用光电探测器探测激光光斑能量中心，所以通常用于施工机械导向的自动化和变形观测。另一类是波带板激光准直系统，波带板是一种特殊设计的屏，它可以把一束单色相干光会聚成一个亮点。波带板激光准直系统是由激光器点光源、波带板装置和光电探测器或自动数码显示器三部分组成。第二类方法的准直精度高于第一类，可达至$10^{-6} \sim 10^{-7}$以上

9.4.2　激光准直法

激光经纬仪是能发射收敛良好的激光光束的经纬仪，在观测点安置的活动觇牌也具有特殊结构。觇牌由中心装有两个半圆的硅光电池组成的光电探测器代替。两个硅光电池各自连接在检流表上，当激光束通过觇牌中心时，硅光电池的左右两个半圆上接收相同的激光能量，检流表指针在零位，反之检流表指针偏离零位。这时，移动光电探测器使检流表指针指零，即可在读数尺上读数。

激光准直又分为经纬仪激光准直和衍射式（波带板）激光准直。

1.　激光准直经纬仪

将激光经纬仪安置在端点 A 上，在另一端点 B 上安置光电探测器，将光电探测器的读数置零，调整经纬仪水平度盘微动螺旋，移动激光束的方向，使在 B 点的光电测微器的检流表的指针指零。这时，基准面既已确定，经纬仪水平度盘就不能再动。

依次将望远镜的激光束投射到安置于每个观测点处的光电探测器上，只要使检流表指针指零，就可读取每个观测点相对于基准面的偏离值。

具体操作时，用激光经纬仪初步瞄准 B 点（可利用望远镜直接瞄准），然后用光电探测器测定激光束对基准面的偏离值，即可由相似三角形原理对各观测点进行改正。

为了提高观测精度，在每一观测点上，探测器应进行多次探测。

2.　波带板激光准直

原理与经纬仪激光准直相似，波带板激光准直系统包括三个部分：激光器点光源、波带板装置和光电探测器。观测如图 9-8 所示。在基准线两端点 A、B 分别安置激光器点光源和探测器，观测点 C 上安置波带板，当激光器开启后，激光器点光源发射出一束激光，照满波带板，通过波带板上不同透光孔的绕射光波之间的相互干涉，就会在光源和波带板连线延伸方向线的某一位置上形成一个亮点（圆形波带板）或者十字线（方形波带板），根据观测点的具体位置，对每一观测点可以设计专用的波带板，使所成的像恰好落在接收端点 B 的位置上。利用安置在 B 点的探测器，可以测出 AC 连线在 B 点处相对于基准面的偏离值 BC'，则 C 点对基准面的偏离值为 l_c，如图 9-9 所示。

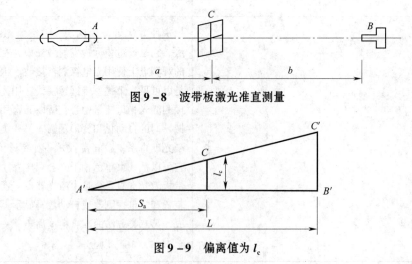

图 9-8　波带板激光准直测量

图 9-9　偏离值为 l_c

$$l_c = \frac{S_c}{L} \times \overline{BC'} \tag{9-8}$$

利用波带板激光准直系统进行观测，其精度比激光准直经纬仪有很大提高。激光准直经纬仪是激光源通过望远镜射出，光束稳定性较差，且在不同截面上光强分布不容易有稳定的中心。当准直距离较长时，波带板激光电探测的对准精度，由于受激光光斑在大气中传输的漂移而使探测产生困难。我国试制有自动找中位移数显探测器，使探测器能自动对准光源中心，并显示读数。

视准线法和激光准直随着基准线长度的增加，偏离值测定的误差会显著增大，所以常采用分段基准线观测的方法。

分段基准线法是先测定基准线中少数观测点（分段点）相对基准线的偏离值，然后将这些分段点作为分段基准线的端点，测定各观测点相对分段基准线的偏离值，然后改算到总基准线上，这样总基准线上只需要测定少数几点的偏离值，就可选择最有利的时间以减弱旁折光的影响，同时还可以增加测回数来提高精度，其余的观测点就可在较短的基准线上进行观测了。

3. 长度变化测量仪

建筑物和地表的变形将表现为两点间的距离变化，长度变化测量仪即可精确测定任意两点间距离的变化。

如 DISTOMETER 长度变化测量仪，见图 9 - 10，精度为 20m ± 0.02mm（1×10^{-6}）。

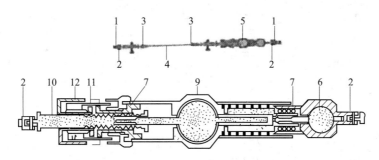

图 9 - 10　DISTOMETER 长度变化测量仪

1—测销；2—连接器；3—线尺离合器；4—铟瓦线尺；5—测距仪；6—测量弹簧伸长的千分表；7—测量键控制器；8—弹簧；9—测量长度的千分表；10—连杆；11—粗略部分；12—精密部分

用 DISTOMETER 长度变化测量仪测量隧道断面变化时端点（安装螺栓）的设置法如图 9 - 11 所示。根据支护方式，螺栓可设在混凝土内或者焊在钢架上，点设置好后，根据点间的不同距离，截取相应长度的铟瓦线尺，两端嵌入线尺接头内，即可用来测量。使用时套入方向接头内，并和测长计一起安在两端点螺栓上，调整拉力计指零（标准拉力），即可读出距离读数。由以后的变形过程中的重复观测数读数，即可求得两点间距离的变化值。本仪器是用作观测距离的精密仪器，至于绝对距离需另行校订。

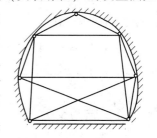

图 9 -11　长度变化测量仪
测量隧道断面变形

铟瓦线尺长可在 1～50m 范围内变动，长度变化范围为

10cm；20m 内距离变化精度为 ±0.2mm，20m 以上为距离的 ±1×10⁻⁶倍。

9.4.3　前方交会法

在测定大型工程构筑物（如塔形构筑物、水工构筑物等）的水平位移时，可利用变形影响范围之外的控制点采用前方交会法进行。

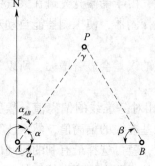

如图 9 – 12 所示，A、B 点为相互通视的控制点，P 为建筑物上的位移观测点。先将仪器架设于 A，后视 B，前视 P，测得角 ∠BAP 的外角 α₁，$\alpha = (360° - \alpha_1)$，再架设 B，后视 A，前视 P，测得 β，通过内业计算求得 P 点坐标。当 α、β 角值变化时，P 点坐标也会随之变化，然后根据式（9 – 9）计算其位移量。

$$\delta = \sqrt{(x_2 - x_1)^2 + (y_2 - y_1)^2} \qquad (9-9)$$

图 9 – 12　前方交会示意　　前方交会通用方法见表 9 – 4。

表 9 – 4　前方交会通用方法

方　　法	内　　容	
已知点的坐标反算	$\tan\alpha_{AB} = \dfrac{\Delta y}{\Delta x} = \dfrac{y_B - y_A}{x_B - x_A}$	(9 – 10)
	$D_{AB} = \dfrac{\Delta y}{\sin\alpha_{AB}} = \dfrac{y_B - y_A}{\sin\alpha_{AB}}$	(9 – 11)
	$D_{AB} = \dfrac{\Delta x}{\cos\alpha_{AB}} = \dfrac{x_B - x_A}{\cos\alpha_{AB}}$	(9 – 12)
求待测边的方位角和边长	$\alpha_{AP} = \alpha_{AB} - \alpha$	(9 – 13)
	$\alpha_{BP} = \alpha_{BA} + \beta$	(9 – 14)
	$D_{AP} = \dfrac{D_{AB} \cdot \sin\beta}{\sin\gamma}$	(9 – 15)
	$D_{BP} = \dfrac{D_{BA} \cdot \sin\alpha}{\sin\gamma}$	(9 – 16)
待测点的坐标计算	$x_P = x_A + D_{AP}\cos\alpha_{AP}$	(9 – 17)
	$x_P = x_B + D_{BP}\cos\alpha_{BP}$	(9 – 18)
	$y_P = y_A + D_{AP}\sin\alpha_{AP}$	(9 – 19)
	$y_P = y_B + D_{BP}\sin\alpha_{BP}$	(9 – 20)

9.4.4　后方交会法

为了测定单体构筑物的水平位移，可在被测构筑物本体上设立测站，要求测站标志必须和构筑物连成一个整体。在构筑物周围，当然应在变形范围之外寻找 4 ~ 5 个固定方向，要求测站点和观测点都有强制归心设备，以克服偏心误差的影响。常见的对中装置有三叉式对中盘，点、线、面式对中盘，球、孔式对中装置三种。

1. 三叉式对中盘

如图 9 – 13 所示，盘上铣出三条辐射形凹槽，三条凹槽夹角为 120°，对中时必须先把基座的底板卸掉，将三只脚螺旋尖端安放在三条凹槽中后，经纬仪就在对中盘上定位了。

2. 点、线、面式对中盘

如图 9 – 14 所示。盘上有三个小金属块，分别是点、线、面。"点"是金属块上有一个圆锥形凹穴，脚螺旋尖端对准放上去后即不可移动，"线"是金属块上有一条线形凹槽，脚螺旋尖端在凹槽内可以沿槽线移动；第三块是一个平面，脚螺旋尖端在上面有二维自由度，当脚螺旋间距与这三个金属块间距大致相等时，仪器可以在对中盘上精确就位。

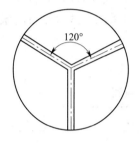

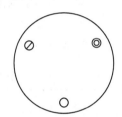

图 9 – 13　三叉式对中盘　　　　　　图 9 – 14　点、线、面式对中盘

3. 球、孔式对中装置

如图 9 – 15 所示，固定在标志体上的对中盘上有一个圆柱形的对中孔，另有一个对中球（或者圆柱）通过螺纹可以旋在基底的底板下，对中球外径与对中孔的内径匹配，旋上对中球的测量仪器通过球孔接口，可以精确地就位于对中盘上。

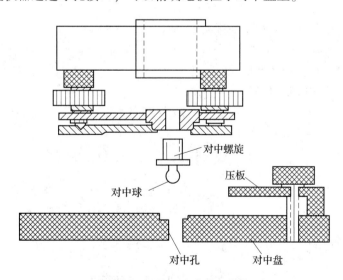

图 9 – 15　球、孔式对中装置

仪器和观测标志都设置强制归心设备后，即可在测站上进行多次后方交会观测，这样定期地观测若干组观测值，若假定原有固定方向的位置没有变化，根据几组观测成果，可以推算出本测站的平面位移量。

9.5　建筑物的挠度和裂缝的观测

9.5.1　挠度观测

建筑物的挠度观测主要包括建筑物基础、建筑物主体以及独立构筑物（如独立墙、柱）的挠度观测。而相对于高层建筑物，较小的面积上有较大的集中荷载，从而导致基础和建筑物的沉陷，其中不均匀的沉陷将导致建筑物的倾斜，使局部构件产生弯曲并导致裂缝的产生。另外，对于房屋类的高层建筑物，这种倾斜与弯曲将导致建筑物的挠度，而建筑物的挠度可由观测不同高度的倾斜换算求得，均可采用准线呈铅直的激光准直方法求得。

建筑物挠度观测的基本内容见表 9 – 5。

表 9 – 5　建筑物的挠度观测

项目	内　　容
建筑物基础挠度观测	建筑物基础挠度观测（图 9 – 16）可与建筑物沉降观测同时进行。观测点要沿基础的轴线或边线布设，每一基础不应少于 3 点。观测方法、标志设置与沉降观测相同。挠度值 f_c 可按式（9 – 21）计算： $$f_c = \Delta S_{AE} - \frac{L_a}{L_a + L_b}\Delta S_{AB}, \Delta S_{AE} = S_E - S_A, \Delta S_{AB} = S_B - S_A \quad (9-21)$$ 式中：S_A——基础 A 点沉降量（mm）； 　　　S_B——基础 B 点沉降量（mm）； 　　　S_E——基础 E 点沉降量（mm）； 　　　L_a——AE 的距离（m）； 　　　L_b——EB 的距离（m）。 跨中的挠度值为： $$f = \Delta S_{AE} - \frac{1}{2}\Delta S_{AB} \quad (9-22)$$ 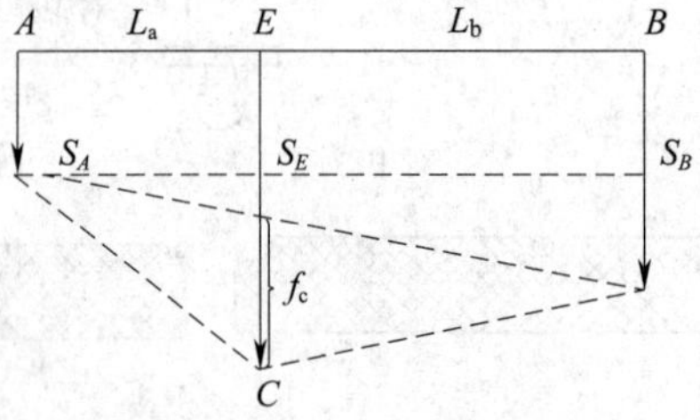 图 9 – 16　挠度观测

续表 9 - 5

项目	内　　容
建筑物主体挠度观测	建筑物的主体挠度观测，除观测点应按建筑物结构类型在各个不同高度或各层处沿一定垂直方向布设外，其标志设置、观测方法与建筑物主体倾斜观测大致相同。通过建筑物上不同高度点相对底部点的水平位移值来确定挠度值
独立构筑物挠度观测	独立构筑物的挠度观测，除可采用建筑物主体挠度观测要求外，也可在观测条件允许时，采用挠度计、位移传感器等相关设备直接测定挠度值。 　　挠度观测的周期应根据荷载情况考虑设计、施工要求确定。整体变形的观测过程中误差不应超过允许垂直偏差的 1/10，结构段变形的观测中误差不应超过允许值的 1/6

9.5.2　裂缝观测

　　建筑物发现裂缝，除了要增加沉降观测的次数外，应立即进行裂缝变化的观测。为了观测裂缝的发展情况，要在裂缝处设置观测标志。设置标志的基本要求是：当裂缝开展时标志就能相应地开裂或变化，正确地反映建筑物裂缝发展情况。观测标志设置形式有三种，见表 9 - 6。

表 9 - 6　观测标志设置形式

形式	表　　现	参　考　图
石膏板标志	用厚 10mm、宽约 50~80mm 的石膏板（长度视裂缝大小而定），在裂缝两边固定牢固。当裂缝继续发展时，石膏板也随之开裂，从而观察裂缝继续发展的情况	—
白铁片标志	用两块白铁片，一片取 150mm×150mm 的正方形，固定在裂缝的一侧，并使其一边和裂缝的边缘对齐。另一片为 50mm×200mm，固定在裂缝的另一侧，并使其中一部分紧贴相邻的正方形白铁片。当两块白铁片固定好以后，在其表面均涂上红色油漆。如果裂缝继续发展，两白铁片将逐渐拉开，露出正方形白铁上原被覆盖没有涂油漆的部分，其宽度即为裂缝加大的宽度，可用尺子量出	
金属棒标志	在裂缝两边钻孔，将长约 10cm、直径为 10mm 以上的钢筋头插入，并使其露出墙外约 2cm，用水泥砂浆填灌牢固。在两钢筋头埋设前，应先把外露一端锉平，在上面刻画十字线或中心点，作为量取间距的依据。待水泥砂浆凝固后，量出两金属棒的间距并进行比较，即可掌握裂缝发展情况	

9.6　日照和风振变形测量

9.6.1　日照变形观测

1.观测步骤

1）日照变形观测应在高耸建筑或单柱受强阳光照射或辐射的过程中进行，应测定建筑或单柱上部由于向阳面与背阳面温差引起的偏移量及其变化规律。

2）日照变形观测点的选设应符合下列要求：

①当利用建筑内部竖向通道观测时，应以通道底部中心位置作为测站点，以通道顶部正垂直对应于测站点的位置作为观测点。

②当从建筑或单柱外部观测时，观测点应选在受热面的顶部或受热面上部的不同高度处与底部（视观测方法需要布置）适中位置，并设置照准标志，单柱亦可直接照准顶部与底部中心线位置；测站点应选在与观测点连线呈正交或近于正交的两条方向线上，其中一条宜与受热面垂直。测站点宜设在距观测点的距离为照准目标高度 1.5 倍以外的固定位置处，并埋设标石。

2.时间要求

日照变形的观测时间，宜选在夏季的高温天进行。观测可在白天时间段进行，从日出前开始，日落后停止，宜每隔 1h 观测一次。在每次观测的同时，应测出建筑向阳面与背阳面的温度，并测定风速与风向。

3.精度要求

日照变形观测的精度，可根据观测对象和观测方法的不同，具体分析确定。用经纬仪观测时，观测点相对测站点的点位中误差，对投点法不应大于 ±1.0mm，对测角法不应大于 ±2.0mm。

9.6.2　风振变形观测

1.观测方法

风振观测应在高层、超高层建筑物受强风作用的时间阶段内同步测定建筑物的顶部风速、风向和墙面风压以及顶部水平位移，以获取风压分布、体型系数及风振系数。

顶部水平位移观测可根据要求和现场情况选用下列方法：

（1）激光位移计自动测记法。当位移计发射激光时，从测试室的光线示波器上可直接获取位移图像及有关参数。

（2）长周期拾振器测记法。将拾振器设在建筑物顶部天面中间，由测试室内的光线示波器记录观测结果。

（3）双轴自动电子测斜仪（电子水枪）测记法。测试位置应选在振动敏感的位置，仪器 x 轴与 y 轴（水枪方向）与建筑物的纵、横轴线一致，并用罗盘定向，根据观测数据计算出建筑物的振动周期和顶部水平位移值。

（4）加速度计法。将加速度传感器安装在建筑物顶部，测定建筑物在振动时的加速度，通过加速度积分求解位移值。

（5）GPS 差分载波相位法。将一台 GPS 接收机安置在距待测建筑物一段距离且相对稳定的基准站上，另一台接收机的天线安装在待测建筑物楼顶。接收机周围 50m 以外应无建筑物遮挡或反射物。每台接收机应同时接收 6 颗以上卫星的信号，数据采集频率不应低于 10Hz。两台接收机同步记录 15～20min 数据作为一测段。具体测段数视要求确定。通过专门软件对接受的数据进行动态差分后处理，根据获得的 WGS－84 大地坐标即可求得相应位移值。

（6）经纬仪测角前方交会法或方向差交会法。该法适应于在缺少自动测记设备和观测要求不高时建筑物顶部水平位移的测定，但作业中应采取措施防止仪器受到强风影响。

2. 精度要求

风振位移的观测精度，如用自动测记法，应视所用设备的性能和精确程度要求具体确定。如采用经纬仪观测，观测点相对测站点的点位中误差不应大于 ±15mm。

3. 计算公式

由实测位移值计算风振系数 β 时，可采用式（9－23）或式（9－24）：

$$\beta = (d_m + 0.5A) / d_m \tag{9－23}$$

$$\beta = (d_s + d_d) / d_s \tag{9－24}$$

式中：d_m——平均位移值（mm）；

A——风力振幅（mm）；

d_s——静态位移（mm）；

d_d——动态位移（mm）。

10 建筑施工测量工作的管理

10.1 施工班组现场管理

1. 资源调配

坚持"安全第一，预防为主"方针，安排生产和调遣队伍时应确保以下方面受控：

1）特种作业持证人员的配备满足规定要求。

2）人员的资格、能力、意识满足关键和特殊工序操作要求。

3）进场设备机具物资用品的数量和安全性能满足风险控制要求。

建议配置：每组配备登高证人员 3 名，电工证人员 1~2 名。

2. 作业环境

"三个不得"和"电话报告"：

1）作业队伍进入现场不识别清楚环境因素和危险源，不得盲目指挥、盲目作业。

2）安全防护和防环境污染措施不到位、不落实，不得盲目指挥、盲目作业。

3）不具备资质的作业范围和工作内容，不得盲目指挥、盲目作业。

结合班组和项目实际，有重要危险源和环境因素清单和相应的防护措施或专项方案，并对作业人员实行告知。作业队长和人员基本掌握危险源和危险因素持续辨识及评价方法，能够根据现场环境采取必要的转移、消除、规避措施。对现场新发现的重要危险源及重大环境因素实行电话报告制度。对施工可能造成损害的毗邻建筑物、构筑物和地下管线等，应当采取专项防护措施。

3. 设备设施

三个无隐患：

（1）设备设施无隐患。进场的各类动力机械设备、设施性能完好，无安全隐患，一般常用工具和手持及小型电动工具不得破损，防护和绝缘可靠；仪器仪表和测量工具专人保管，妥善携带，不失水准，并在检定周期内；安全警示标志符合规定。

（2）防护用品无隐患。安全帽、安全带、绝缘鞋等特种防护用品统一采购，质量符合国家标准规定、在有效期内，发放、更新、报废有记录，员工做到"会使用、会检查、会保养"。

（3）在用车辆无隐患。一车一驾，保险、备胎、工具、警示标志、灭火器材齐全，车辆性能处于完好状况，不得因任务紧张而带兵行车；贵重物资、器材、物品不得放在车上过夜。

4. 作业行为

"四个严格"和"四个做到"。

1）严格执行工信部颁布的通信工程施工操作规程。

2）严格执行特种作业持证上岗制度。

3）严格执行业主机房进出、动火、封堵、用电、保密等制度。

4）严格执行工余拆旧材料和顾客财产管理制度。

做到持证上岗、人证相符、违章守纪、礼貌用语、尊重监理，服从管理，理解客户需求，保持良好沟通；做到着装和防护用品穿戴整齐、设备设施安全可靠、仪表工具及测量器具使用正确、警示标志和围挡设置符合要求，临时用电符合规定，不发生"违章指挥、违章作业、违反劳动纪律"三违现象；做到按图施工、按工艺规范操作、发现不合格能够及时整改，加电、割接、数据修改等关键过程实行资格确认和方案申请、审批制度；做到文明作业、减少污染、节约材料、场容清洁、降低对居民和环境的不利影响。

5．互保联保

"四个互相"作业队伍必须实行互保联保制度，作业组长（队长）根据出勤和人员变动情况，明确当天作业的互保对象（包括单兵作业人员和驾驶员）。即：在每一个作业界面、每一摊工作中，人员之间形成事实上的互保联保关系。互保双方对对方人员的安全健康负责，做到：

（1）互相提醒。发现对方有不安全因素和不安全行为，可发生意外时，要及时提醒纠正，彼此互换应答。

（2）互相照顾。根据工作任务、操作对象、身体状况进行合理分工，互创条件、互相关心。

（3）互相监督。在防护用品穿戴、执行规范和制度方面互相监督，不发生"三违"和其他违纪行为。

（4）互相保证。保证对方安全作业，不发生人身、设备、车辆交通事故。

各互保对象之间、作业小组之间实行联保，对互保对象以外的人员也要做到以上"四个互相"。

6．安全活动

"5分钟活动"、"每周例会"、"五个一活动"及"五种现场记录"：作业小组必须坚持每天开展1次"5分钟晨会"（安全碰头会）和"5分钟收工会"（安全讲评会）活动，每周1次交流例会，坚持不定期开展"五个一"（"查一起事故隐患、纠正一次违章行为、忆一次事故教训、开一次主体班会、写一封安全家书"）活动。

作业现场除施工日志、工作量表、材料平衡表等外，应有五种过程记录：

1）技术安全交底记录。

2）进场设备机具与防护用品安全检查记录。

3）隐患排查登记记录。

4）员工素质教育记录。

5）工程项目自检记录。

记录要每月分类、汇总、上交，由班组（区域）统一保管。

7．监督检查

监督检查确保做到"八有"：检查频次有标准、检查过程有记录、不合格有纠正、违章有处罚、跟踪有验证、整改有闭环、汇总有分析、通报有奖惩。对检查中发现的严重隐患下达整改通知单，并做到及时整改和验证，并有纠正措施及防护措施。

监督检查的结果：

1）与员工绩效收入挂钩，形成约束和激励机制。

2）与分析改进挂钩，即：季度、半年、全年检查记录有数据汇总和统计分析，有条件的要运用饼图①、排列图、因果图，并召开安全质量分析会议。

8．应急响应

班组成员熟知应急处置流程；"四准备"：

1）预案准备。即：有经过评审的人身伤亡事故、火灾事故、触电事故、车辆交通事故和网络中断事故的现场应急预案和应急处理流程。

2）抢救队伍人员准备。

3）应急物资器材准备。

4）通信联络准备。

每年进行 1~2 次实战演练和评审（必要时与客户联动），并做好培训和演习记录。员工掌握消防安全"三懂三会"，掌握常用的急救常识。班组（区域）在突发事故、事件和应急救援中，能够汇报及时、相应快速、组织有力、措施果断、处置正确。

10.2　施工测量技术质量管理

10.2.1　施工测量放线的基本准则

1）学习与执行国家法令、规范，为施工测量服务，对施工质量与进度负责。

2）应遵守"先整体后局部"的工作程序，即先测设精度较高的场地整体控制网，再以控制网为依据进行各局部建（构）筑物的定位、放线。

3）应校核测量起始依据（如设计图纸、文件，测量起始点位、数据等）的正确性，坚持测量作业与计算工作步步校核。

4）测量方法应科学、简捷，精度应合理、相称，仪器精度选择应适当，使用应精心，在满足工程需要的前提下，力争做到费用省。

5）定位、放线工作应执行的工作制度为：经自检、互检合格后，由上级主管部门验线；此外，还应执行安全、保密等有关规定，保管好设计图纸与技术资料，观测时应当场做好记录，测后应及时保护好桩位。

10.2.2　施工测量验线工作的基本准则

1）验线工作最好从审核施工测量方案开始，在施工的各阶段，应对施工测量工作提出预见性的要求，做到防患于未然。

2）验线的依据应原始、正确、有效，设计图纸、变更洽商与起始点位（如红线桩、水准点等）及其数据（如坐标、高程等）应同样如此。

3）测量仪器设备应按检定规程的有关规定进行定期检校。

---

① 饼图。常用于统计学模块。2D 饼图为圆形，手绘时，常用圆规作图。

4）验线的精度应符合规范要求，主要包括：

①仪器的精度应适应验线要求，并校正完好。

②应按规程作业，观测中误差应小于限差，观测的系统误差应采取措施进行改正。

③验线本身应先行附合（或闭合）校核。

5）独立验线，观测人员、仪器设备、测法及观测路线等应尽量与放线工作无关。

6）验线的部位应为放线中的关键环节与最弱部位，主要包括：

①定位依据与定位条件。

②场区平面控制网、主轴线及其控制桩（引桩）。

③场区高程控制网及±0.000高程线。

④控制网及定位放线中的最弱部位。

7）验线方法及误差处理主要包括：

①场区平面控制网与建（构）筑物定位，应在平差计算中评定其最弱部位的精度，并实地验测，精度不符合要求时应重测。

②细部测量可用不低于原测量放线的精度进行检测，验线成果与原放线成果之间的误差处理如下：两者之差若小于 $\sqrt{2}/2$ 限差时，对放线工作评为优良；两者之差略小于或等于 $\sqrt{2}$ 限差时，对放线工作评为合格（可不必改正放线成果，或取两者的平均值）；两者之差若大于 $\sqrt{2}$ 限差时，对放线工作评为不合格，并令其返工。

10.2.3   建筑施工测量质量控制管理

1. 施工测量质量控制管理的内容

建筑施工测量质量控制管理的基本内容见表10-1。

表10-1   建筑施工测量质量控制管理的基本内容

项目	内容
测量外业工作	1）测量作业原则：先整体后局部，高精度控制低精度； 2）测量外业操作应按照有关规范的技术要求进行； 3）测量外业工作作业依据必须正确可靠，并坚持测量作业步步有校核的工作方法； 4）平面测量放线、高程传递抄测工作必须闭合交圈； 5）钢尺量距应使用拉力器并进行拉力、尺长、温差改正
测量计算	1）测量计算基本要求：方法科学、依据正确、计算有序、步步校核、结果可靠； 2）测量计算应在规定的表格上进行。在表格中抄录原始起算数据后，应换人校对，以免发生抄录错误； 3）计算过程中必须做到步步有校核。计算完成后，应换人进行验算，检核计算结果的正确性
测量记录	1）测量记录基本要求：原始真实、内容完整、数字正确、字体工整； 2）测量记录应用铅笔填写在规定的表格上； 3）测量记录应当场及时填写清楚，不允许转抄，保持记录的原始真实性；采用电子仪器自动记录时，应打印出观测数据

续表 10-1

项目	内　　容
施工测量放线检查和验线	1) 建筑工程测量放线工作必须严格遵守"三检"制和验线制度； 2) 自检：测量外业工作完成后，必须进行自检，并填写自检记录； 3) 复检：由项目测量负责人或质量检查员组织进行测量放线质量检查，发现不合格项立即改正以达到合格要求； 4) 交接检：测量作业完成后，在移交给下道工序时，必须进行交接检查，并填写交接记录； 5) 测量外业完成并经自检合格后，应及时填写《施工测量放线报验表》并报监理验线
建筑施工测量主要技术精度指标	建筑施工测量各项的精度指标要求见表 10-2～表 10-8

表 10-2　建筑方格网的主要技术要求

等　　级	边长（m）	测角中误差（″）	边长相对中误差
一级	100～300	±5	1/40000
二级	100～300	±10	1/20000

表 10-3　建（构）筑物平面控制网主要技术指标

等级	适　用　范　围	测角中误差（″）	边长相对中误差
一级	钢结构、超高层、连续程度高的建筑	±8	1/24000
二级	框架、高层、连续程度一般的建筑	±13	1/15000
三级	一般建（构）筑	±25	1/8000

表 10-4　水准测量的主要技术要求

等级	每千米高差中数偶然中误差 m_Δ（mm）	仪器型号	水准标尺	观测次数		往返较差、附合线路或环线闭合差（mm）		检测已测测段高差之差（mm）
				与已知点联测	附合线路或环线	平地	山地	
三等	±3	DS$_1$ DS$_3$	铟瓦 双面	往、返 往、返	往、返	±12$\sqrt{L}$ ±3$\sqrt{n}$	±4$\sqrt{n}$	±20$\sqrt{L}$
四等	±5	S$_3$	双面 单面	往、返 两次仪器高测往返	往 变仪器高测两次	±20$\sqrt{L}$ ±5$\sqrt{n}$	±6$\sqrt{n}$	±30$\sqrt{L}$

注：1. n 为测站数；
　　2. L 为线路长度，单位为千米（km）。

表 10 – 5 基础外廓轴线限差

长度 L、宽度 B 的尺寸（m）	限差（mm）	长度 L、宽度 B 的尺寸（m）	限差（mm）
L（B）≤30	±5	90＜L（B）≤120	±20
30＜L（B）≤60	±10	120＜L（B）≤150	±25
60＜L（B）≤90	±15	150＜L（B）	±30

表 10 – 6 轴线竖向投测限差表

项　目		限差（mm）
每层		3
总高 H （m）	H≤30	5
	30＜H≤60	10
	60＜H≤90	15
	90＜H≤120	20
	120＜H≤150	25
	150＜H	30

表 10 – 7 各部位放线限差

项　目		限差（mm）
外廓主轴线长度 L （m）	L≤30	±5
	30＜L≤60	±10
	60＜L≤90	±15
	90＜L≤120	±20
	120＜L≤150	±25
	150＜L	±30
细部轴线		±2
承重墙、梁、柱边线		±3
非承重墙边线		±3
门窗洞口线		±3

表 10 – 8　标高竖向传递限差

项　　目		限差（mm）
每层		3
总高 H（m）	H≤30	5
	30 < H≤60	10
	60 < H≤90	15
	90 < H≤120	20
	120 < H≤150	25
	150 < H	30

2．测量过程控制

（1）测量方法（测前控制）。应选择合理可行的测量方法，以保证测量成果的质量达到预期的精度要求。例如，当交会方向的夹角太小时就不能采用交会法进行放样，应采用极坐标法放样；当后视边长较短时就不宜连续向前穿设中线，应采用导线法进行放样来控制误差的积累。在测量过程中应尽量采用闭合测量以增加检核条件，如支导线边长应采用往返观测，角度观测采用"两个半测回"或多测回进行检核。

（2）测量外业（中间控制）。

1）桩点的复测。进行导线测量或放样时，必须对作为已知点的导线点进行复核测量，平面控制点应进行角度和距离的检测，水准点应检测相邻两点间的高差，当检测结果表明桩点正确可靠时方可进行后续的测量工作。

2）仪器对中整平。仪器对中整平的正确与否直接关系到测量成果的正确性，在一个测站的测量中间至少应检查一次镜站、后点与前点仪器的对中和整平，以保证镜站、后点与前点仪器的对中整平正确，防止对点错误的发生。

3）野外数据的记录。

①记录应采用双记录复核制：记录员会按照记录表格逐项计算，严禁采用只计算第一测回度分角值而其他测回度分角值照抄第一测回角值的记录方法，以防止角度的度、分计算错误不能通过多测回测角进行复核，在支导线测量中，其后果尤为严重。采用电子手簿进行记录的，应遵循电子手簿记录的相关规定。

②记录员必须在记录簿中记录清楚测量人员和测量时间，以便对测量事故责任进行分析和认定。

③观测员与记录员之间应密切配合，观测速度与记录速度协调一致，以防止记录员忙乱中听错、记错观测数据。

4）仪器高的丈量。由于三角高程测量往返高差之差受大气折光影响很大，仪器高丈量错误不能通过往返高差之差来判别，因此前后点、镜站仪器高的丈量必须遵循规范规定的"测前、测后丈量两次"的要求，以防止三角高程测量错误的产生。

（3）内业整理和测量成果的交接（测后控制）。

1）原始记录的复核。

①复核原始记录时，应对记录簿上的所有记录数据进行复核，包括点名，点之记，观测数据、日期、人员等。

②采用双记录复核时，原始记录由两个记录员互相复核，确保记录成果正确无误。在因测量人数受限而采用单人记录时必须遵循单记录双复核，当发现记录错误时，复核人必须让记录员重新计算进行确认。

2）图纸复核。测量成果计算前，必须对与施工测量相关施工图纸进行全面复核，确认测量计算所采用的设计数据正确无误，当发现图纸数据与复核结果不符合时，应及时与设计单位联系解决，以防止设计图纸中设计施工数据错误导致计算成果发生错误。严禁使用未经设计部门认可的非正式图纸中的数据作为测量成果计算的依据。

3）成果计算和复核。测量成果的计算应由具备测量专业技术资格的人员来完成，计算人员必须认真抄录原始记录及起算数据。成果书编制完以后，首先应由编制者自检，然后与计算复核者完成最终成果书的复核校对工作并签字确认。

4）成果审核与归档。测量成果编制完成后须经项目总工程师审核，对不符合质量管理要求的测量成果应重新编制，必要时连同外业一起返工，经项目总工程师审核，符合施工测量质量管理要求的测量成果方可用于施工放样。测量成果由测量主管工程师按照"测绘资料管理制度"，负责归档保存。

5）资料和桩点的交接。测量成果交付使用前应进行必要的交接，将该测量资料使用中应注意的问题给资料使用部门（人）讲解清楚，测量桩点应现场逐个交接，交接清楚后应签署交接记录。

当工程项目有与其他单位相邻的施工交界段时，为确保施工交界段的正确衔接，应由项目总工程师负责与相邻施工单位签认交界施工段的测量公用桩，交界处平面公用桩至少应为两个，水准点公用桩一个。

10.3 建筑施工测量技术资料管理

10.3.1 建筑施工测量技术资料管理原则

1）测量技术资料应进行科学规范化管理。

2）测量原始记录必须做到：表格规范，格式正确，记录准确，书写完整，字迹清晰。

3）对原始资料数据严禁涂改或凭记忆补记，且不得用其他纸张进行转抄。

4）各种原始记录不得随意丢失，必须专人负责，妥善保管。

5）外业工作起算数据必须正确可靠，计算过程科学有序，严格遵守自检、互检、交接检的"三检制"。

6）各种测量资料必须数据正确，符合表格规范，测量规程，格式正确方可报验。

7）测量竣工资料应汇编有序、齐全，整理成册，并有完整的签字交接手续。

8）测量资料应注意保密，并妥善保管。

10.3.2　施工测量技术资料的编制

施工测量技术资料编制的基本内容见表10-9。

表10-9　施工测量技术资料编制的基本内容

项目	内容
资料编制管理	施工测量技术资料应采用打印的形式并以手工签字，签字必须使用档案规定用笔（黑色钢笔或黑色签字笔）
工程定位测量记录	1）业主委托测绘院或具有相应测绘资质的测绘部门根据建筑工程规划许可证（附件）建筑工程位置及标高依据，测定建筑物的红线桩； 2）施工测量单位应依据测绘部门提供的放线成果、红线桩及场地控制网（或建筑物控制网），测定建筑物位置、建筑物±0.000绝对高程、主控轴线，并填写《工程定位测量记录》报监理单位审核； 3）定位抄测示意图须标出平面坐标依据、高程依据。如果按比例绘图时坐标依据、高程依据超出纸面，则可将之与现场控制点用虚线连接，标出相对位置即可。平面坐标依据、高程依据资料要复印附在《工程定位测量记录》后面； 4）使用仪器须注明该仪器出厂编号及检定日期； 5）工程定位测量完成后，应由建设单位申报具有相应测绘资质的测绘部门验线
基槽验线记录	施工测量单位应根据主控轴线和基底平面图，检验建筑物集水坑、基底外轮廓线、电梯井坑、垫层标高（高程）、基槽断面尺寸和坡度等，填写《基槽验线记录》报监理单位审核
楼层平面放线记录	放线简图应标明楼层外轮廓线、楼层重要尺寸、控制轴线及指北针方向
楼层标高抄测记录	抄测说明可写明+0.500m（+1.000m）水平控制线标高、标志点位置、测量工具等，如需要可画简图说明
建筑物垂直度、标高观测记录	施工单位应在结构工程完成和工程竣工时，对建筑物标高和垂直度进行实测并记录，填写《建筑物垂直度、标高观测记录》报监理单位审核
施工测量放线报验表	测量放线作业完成并经自检合格后，方可向监理报验，并填写《施工测量放线报验表》
资料编号的填写	1）施工测量技术资料表格的编号由分部工程代号（2位）、资料类别编号（2位）和顺序号（3位）组成，每部分之间用横线隔开； 2）分部工程代号：地基与基础01、主体结构02、建筑装饰装修03； 3）资料类别编号：施工测量记录C3； 4）顺序号：根据相同表格按时间自然形成的先后顺序号填写； 5）施工测量放线报验表编号按时间自然形成的先后顺序从001开始，连续标注

10.3.3　测量放线的技术管理

测量放线技术管理的基本内容见表10－10。

表10－10　测量放线的技术管理

项目	内　　容
图纸会审	图纸会审是施工技术管理中的一项重要程序。开工前，要由建设单位组织建设、设计及施工单位有关人员对图纸进行会审。通过会审把图纸中存在的问题（如尺寸不符、数据不清，新技术、新工艺、施工难度等）提出来，加以解决。因此，会审前要认真熟悉图纸和有关资料。会审记录要经相关方签字盖章，会审记录是具有设计变更性质的技术文件
编制施工测量方案	在认真熟悉放线有关图纸的前提下，深入现场实地勘察，确定施测方案。方案内容包括施测依据，定位平面图，施测方法和顺序，精度要求，有关数据。有关数据应先进行内业计算、填写在定位图上，尽量避免在现场边测量边计算。 初测成果要进行复核，确认无误后，对测设的点位加以保护。 填写测量定位记录表，并由建设单位、施工单位施工技术负责人审核签字，加盖公章，归档保存。 在城市建设中，要经城市规划主管部门到现场对定位位置进行核验（称验线）后，才能施工
坚持会签制度	在城市建设中，土方开挖前，施工平面图必须经有关部门会签后，才能开挖。已建城市中，地下各种隐蔽工程较多（如电力、通信、煤气、给水、排水、光缆等），挖掘过程中与这些隐蔽工程很可能相互碰撞，要事先经有关部门签字，摸清情况，采取措施，可避免问题发生。否则，对情况不清，急于施工，一旦隐蔽物被挖坏、挖断，不仅会造成经济损失，还有可能造成安全事故

10.4　建筑工程施工测量安全管理

10.4.1　工程测量的一般安全要求

1）进入施工现场的作业人员，必须首先参加安全教育培训，考试合格后方能上岗作业，未经培训或考试不合格者，不得上岗。

2）不满18周岁的未成年人，不得从事工程测量工作。

3）作业人员服从领导和安全检查人员的指挥，工作时，思想集中，坚守岗位，未经许可，不得从事非本工种作业，严禁酒后作业。

4）施工测量负责人每日上班前，必须集中本项目部全体人员，针对当天任务，结合安全技术措施内容和作业环境、设施、设备安全状况及本项目部人员技术素质、自我保护的安全知识、思想状态，有针对性地进行班前活动，提出具体注意事项，跟踪落实，并做好记录。

5）六级以上强风和下雨、下雪天气，应停止露天测量作业。

6）作业中出现不安全险情时，必须立即停止作业，组织撤离危险区域，报告上级领导解决，不准冒险作业。

7）在道路上进行导线测量、水准测量等作业时，要注意来往车辆，防止发生交通事故。

10.4.2　建筑工程施工测量的安全管理

1. 施工测量的安全预防

1）在密林丛草间进行施工测量时，应遵守护林防火规定，严禁烟火。

2）测量打桩要注意周围行人、车辆的动态情况，保证其安全，不得对面使锤。钢钎和其他工具不得随意抛扔。

3）测量人员在高压线附近工作时，必须保持足够的安全距离。遇雷雨等天气情况，要停止作业，不得在高压线、大树下停留。

4）在陡坡、危险地段、桥墩等高处作业环境下测量时，应系安全带，脚穿软底轻便鞋。

5）在公路灯公共交通区域内测量时，设专职人员负责警戒。

2. 施工测量的安全管理

1）进入施工现场的人员必须戴好安全帽，系好帽带；按照作业要求正确穿戴个人防护用品，着装要整齐；在没有可靠安全防护设施的高处（2m以上，如悬崖和陡坡）施工时，必须系好安全带；高处作业不得穿硬底和带钉易滑的鞋，不得向下投掷物体；严禁穿拖鞋、高跟鞋进入施工现场。

2）施工现场行走要注意安全，避让现场施工车辆，避免发生事故。

3）施工现场不得攀登脚手架、井字架、龙门架、外用电梯，禁止乘坐非载人的垂直运输设备上下。

4）施工现场的各种安全设施、设备和警告、安全标志等未经领导同意不得任意拆除和随意挪动。确实因为测量通视要求等需要拆除安全网的安全设施，要事先与总包方相关部门协商，并及时予以恢复。

5）在沟、槽、坑内作业必须经常检查沟、槽、坑壁的稳定情况，上下沟、槽、坑必须走坡道或梯子，严禁攀登固壁支撑上下，严禁直接从沟、槽、坑壁上挖洞攀登或跳下；间歇时，不得在槽、坑坡脚下休息。

6）在基坑边沿进行架设仪器等作业时，必须系好安全带并挂在牢固可靠处。

7）配合机械挖土作业时，严禁进入铲斗回转半径范围。

8）进入现场作业面必须走人行梯道等安全通道，严禁利用模板支撑攀登上下；不得在墙顶、独立梁及其他高处狭窄而无防护的模板上面行走。

9）地上部分轴线投测采用内控法作业的，在内控点架设仪器时要注意上方洞口安全，防止洞口坠物发生人员和仪器事故。

10）发生伤亡事故必须立即报告领导，抢救伤员，保护现场。

10.4.3　建筑变形测量的安全管理

1）进入施工现场必须佩戴好安全用具，安全帽戴好并系好帽带；穿戴整齐进入施工现场。

2）在场内、场外道路进行作业时，要注意来往车辆，防止发生交通事故。

3）作业人员处在建筑物边沿等可能坠落的区域应系好安全带，并挂在牢固位置，未到达安全位置不得松开安全带。

4）在建筑物外侧区域立尺等作业时，要注意作业区域上方是否交叉作业，防止上方坠物伤人。

5）在进行基坑边坡位移观测作业时，必须佩戴安全带并挂在牢固位置，严禁在基坑边坡内侧行走。

6）在进行沉降观测点埋设作业前，应检查所使用的电气工具，如电线橡胶绝缘是否开裂、脱落等，检查合格后方可进行作业，操作时应佩戴绝缘手套。

7）观测作业时拆除的安全网等安全设施应及时恢复。

参 考 文 献

[1] 中国有色金属工业协会. GB 50026—2007 工程测量规范 [S]. 北京：中国计划出版社，2008.

[2] 全国地理信息标准化技术委员会. GB/T 18314—2009 全球定位系统（GPS）测量规范 [S]. 北京：中国标准出版社，2009.

[3] 中华人民共和国建设部. JGJ 8—2007 建筑变形测量规范 [S]. 北京：中国建筑工业出版社，2008.

[4] 王冰. 建筑工程测量员培训教材 [M]. 北京：中国建筑工业出版社，2011.

[5] 聂俊兵，赵得思. 建筑工程测量 [M]. 郑州：黄河水利出版社，2010.

[6] 林玉祥. 控制测量实训指导书 [M]. 北京：测绘出版社，2010.

[7] 李向民. 建筑工程测量 [M]. 北京：机械工业出版社，2011.

[8] 郝光荣. 测量员 [M]. 北京：中国建筑工业出版社，2009.